Anthonipillai Arockiamary
Thangavelu Balasubramanian
Selvaraju Shanker

Manual de identificação taxonómica dos peixes Clupeiformes

Anthonipillai Arockiamary
Thangavelu Balasubramanian
Selvaraju Shanker

Manual de identificação taxonómica dos peixes Clupeiformes

Um manual de identificação básica

ScienciaScripts

Imprint

Cover image: www.ingimage.com

This book is a translation from the original published under ISBN 978-3-659-86752-1.

Publisher:
Sciencia Scripts
is a trademark of
Dodo Books Indian Ocean Ltd. and OmniScriptum S.R.L publishing group

120 High Road, East Finchley, London, N2 9ED, United Kingdom
Str. Armeneasca 28/1, office 1, Chisinau MD-2012, Republic of Moldova, Europe
Managing Directors: Ieva Konstantinova, Victoria Ursu
info@omniscriptum.com

Printed at: see last page
ISBN: 978-620-8-57848-0

ÍNDICE

Prefácio 2
INTRODUÇÃO 3
UMA REVISÃO DA LITERATURA 5
DESCRIÇÃO DA ZONA DE ESTUDO 11
MATERIAIS E MÉTODOS 13
REFERÊNCIAS 138

Prefácio

Este livro descreve a identificação taxonómica dos peixes Clupeiformes da costa sudeste da Índia. Nagapattinam, os portos de pesca de Puducherry e o centro de desembarque de peixe de Parangipettai foram os locais mais concentrados para a recolha de amostras. Entre janeiro de 2008 e dezembro de 2009, foi identificado um total de 56 espécies de peixes Clupeiformes pertencentes a 19 géneros e 4 famílias. A ordem Clupeiformes inclui quatro famílias, nomeadamente Clupeidae, Engraulidae, Pristigasteridae e Chirocentridae. A família Clupeidae foi representada por 30 espécies pertencentes a doze géneros. A família Engraulidae estava representada por 17 espécies pertencentes a quatro géneros. A família Pristigasteridae foi representada por 7 espécies pertencentes a dois géneros. A família Chirocentridae foi mal representada nas três estações por apenas 2 espécies pertencentes a um único género.

Um estudo claro e pormenorizado sobre a descrição da ordem Clupeiformes e da família Chirocentridae, os caracteres-chave das famílias de clupeoides e dos géneros de clupeoides foram apresentados para uma identificação sem problemas.

A representação pictográfica vívida com classificação, distribuição e análise estatística (média, mediana, moda, desvio padrão e erro padrão) foi descrita e demonstrada com base em amostras adequadas e os caracteres morfométricos e merísticos de todas as 56 espécies foram explicados utilizando a chave de Whitehead (1985).

INTRODUÇÃO

Os peixes da ordem dos Clupeiformes são comuns em todas as águas costeiras temperadas e tropicais. Esta ordem é constituída por anchovas, arenques, sardinhas, menhadens, shads, gizzard shads, wolf herrings e seus parentes. Têm uma distribuição mundial, habitando águas marinhas e salobras. A maioria das 402 espécies descritas ocorre no Pacífico Indo-Ocidental, habitando águas marinhas e salobras e apenas cerca de 70 espécies são principalmente peixes de água doce. Vários grupos de Clupeiformes são eurihalinos e anádromos (Froese e Pauly, 2004; Whitehead, 1985). A produção global de capturas dos Clupeiformes representou cerca de 25% das capturas anuais totais de todos os peixes (marinhos e de água doce), o que é muito mais do que para qualquer outro grupo sistemático de peixes. Todas estas espécies de cardume apresentam flutuações anuais e sazonais notáveis, que ora trazem prosperidade, ora grandes contratempos económicos aos pescadores. Na composição por grupos da produção mundial de peixes marinhos, os Clupeiformes ocupam uma posição inatacável no topo e a Índia não é exceção.

Os Clupeiformes, tal como definido restritivamente por Greenwood *et al.* (1966), é um grupo bem aceite, que é apoiado por vários caracteres anatómicos complexos (Di Dario, 2004; Grande, 1985; Lauder e Liem, 1983; Nelson, 1973). A classificação atual dos taxa existentes, tal como revista por Nelson (2006), subdivide os Clupeiformes em duas subordens, a monoespecífica Denticipitoidei (*Denticeps clupeoides*) e a Clupeoidei. Os Clupeoidei compreendem vários subgrupos aos quais vários autores atribuíram diferentes classificações taxonómicas (do nível subfamiliar ao superfamiliar). Nelson (2006), seguindo Grande (1985), subdivide os Clupeoidei em quatro famílias:

1. Engraulidae (duas subfamílias, 16 géneros, 139 espécies)
2. Pristigasteridae (duas subfamílias, 9 géneros, 37 espécies)
3. Chirocentridae (um género, 2 espécies)
4. Clupeidae (cinco subfamílias, 66 géneros, 216 espécies)

Recentemente, Siebert (1997) e Ishiguro *et al.* (2005) forneceram provas para a inclusão dos peixes pedomórficos da família Sundasalangidae (um género, sete espécies) dentro dos Clupeiformes com base em provas morfológicas e moleculares, respetivamente. No entanto, Sundasalangidae não foi registada em águas indianas até agora (Fishbase, 2011). A taxonomia dos Clupeiformes apresenta uma divergência considerável de pontos de vista (Ramaiyan, 1977), mas a dificuldade na identificação precisa dos peixes tem causado sérias limitações aos estudos biológicos. Chirocentridae e Clupeidae foram unidos sob a superfamília Clupeoidea com base em duas sinapomorfias, um aumento na proporção entre costelas e vértebras pleurais e a fusão entre epicentrais e costelas (Grande, 1985 e Patterson e Johnson, 1995). No entanto, um estudo morfológico recente sugeriu que Chirocentridae está de facto mais intimamente relacionado com

Engraulidae (Di Dario, 2005). As inter-relações entre Pristigasteridae, Engraulidae e Clupeidae também são controversas. Propôs-se que Clupeidae e Engraulidae estivessem mais intimamente relacionados entre si com base na presença de chevrons de cartilagem nas pontas dos epicentros, uma orientação semelhante das parafisárias da segunda vértebra e o padrão complexo de articulação interzigapofisária (Di Dario, 2002 e Patterson e Johnson, 1995). No entanto, há também evidências morfológicas (por exemplo, a cartilagem gongilóide) que suportam uma relação próxima entre Pristigasteridae e Engraulidae (Di Dario, 2002).

Apesar de estudos recentes sobre a sistemática dos peixes clupeóides indianos, a taxonomia de *Ilisha, Sardinella* e *Thryssa* continua a ser confusa. Em todos os peixes de barbatanas comuns, o peixe clupeoide é um peixe intrigante e a identificação das espécies por diferentes autores com base apenas nos caracteres morfométricos e merísticos levou muitas vezes a opiniões contraditórias. A revisão dos trabalhos anteriores revela também que persiste ainda muita confusão na sistemática e na nomenclatura dos Clupeiformes, principalmente devido às estreitas semelhanças morfológicas entre as espécies. *Chirocentrus dorab* e *Chirocentrus nudus* estão estreitamente relacionados em todos os caracteres morfométricos e merísticos, exceto no comprimento da barbatana peitoral. Em *Sardinella longiceps,* foram registados três tipos de variações morfológicas, enquanto *Dussumieria acuta* e *Dussumieria elopsoides* estão estreitamente relacionadas morfologicamente. Assim, é necessário diagnosticar a convergência aparente e a sobreposição dos caracteres morfológicos entre as espécies do mesmo género. Assim, este livro tem como objetivo dar uma ideia clara sobre a taxonomia dos Clupeiformes da costa sudeste da Índia.

UMA REVISÃO DA LITERATURA

A taxonomia é basicamente a ciência de nomear corretamente as espécies. O termo tem sido habitualmente confundido com identificação de peixes, que se refere basicamente à utilização da informação taxonómica mais recente para identificar os peixes. A profissão do taxonomista de peixes consiste em nomear e classificar as espécies de forma a facilitar aos cientistas das pescas e a outros "utilizadores" a identificação correta das espécies de peixes durante o seu trabalho. A comunicação e a troca de informações transfronteiriças são absolutamente essenciais para a ciência e para a identificação coerente das espécies. Por conseguinte, devemos ser capazes de nos referir a qualquer espécie de peixe por um nome que seja comum a toda a gente, em qualquer parte do mundo. Todos os peixes (e outros animais e plantas) recebem, portanto, nomes únicos. Estes nomes dividem-se em dois componentes derivados das línguas clássicas da velha Europa, o latim e o grego. Foi o naturalista sueco Carl von Linne que desenvolveu o atual sistema de nomes binomiais (duas partes).

Durante o início do século XIX foram publicadas várias publicações valiosas sobre a sistemática dos peixes indianos. Entre estas, destacam-se Laceped (1798), Hamilton (1822), Cuvier e Valenciennes (1848), Cantor (1850), Gunther (1868) e a mais valiosa de todas, a de Day (1878-1889) sobre os peixes da Índia, que é também uma compilação exaustiva, distinguida por excelentes ilustrações.

CENÁRIO GLOBAL

As obras clássicas de Day (1878-1889) servem ainda hoje de referência para a Ictiologia. Desde o trabalho clássico sobre os arenques da Europa (Heincke, 1898), um grande número de estudos foi efectuado para identificar as populações de unidades populacionais exploradas e a distribuição espacial das diferentes fases da história de vida de cada unidade populacional. Clark (1934) estudou a maturidade da sardinha da Califórnia (*Sardina caerulea*). Clark e Phillips (1952) observaram que a pesca do biqueirão do Norte (*Engraulis mordax mordax*) na Califórnia. Lovern e Wood (1937) estudaram as variações da composição química do arenque. Uma revisão dos peixes clupeoides do Indo-Pacífico foi tentada por Fowler (1941). Misra (1949; 53) publicou uma lista e mais tarde propôs uma chave para a identificação dos clupeoides comuns da Índia, Birmânia e Ceilão. Blackburn (1950) estudou a biologia de *Engraulis australis* nas águas australianas. Existem vários estudos sobre a sistemática dos peixes clupeoides do Indo-Pacífico (Norman, 1923; Whitehead, 1965, 66, 67, 68, 69, 72; Talwar e Whitehead, 1971; Nair, 1953 e Dutt, 1967). Dharmamba (1960) observou a maturação e a desova de clupeídeos comuns da Baía de Lawsons. Dutt (1963) estudou o género *Thrissocles* (Família: Engraulidae). Baron (1972) estudou duas espécies de *Sardinella aurita* e *Sardinella eba*, identificadas serologicamente na costa da África Ocidental.

Hoda (1976) estudou a biologia reprodutiva e a relação comprimento-peso de *Thryssa dussumieri* (Val.) da costa do Paquistão. Truhsakaker e Uchiyama (1976) determinaram a idade e o crescimento do nehu, *Stolephorus purpureus* (Pisces: Engraulidae), da ilha do Havai, conforme indicado pelos incrementos diários de crescimento do sagittae. Quddus *et al.* (1984) estudaram a desova e a fecundidade de dois tipos de *Hilsa ilisha* nas águas do Bangladesh. Dalzel (1986) descreveu a biologia de *Spratelloides leweisi* das águas da Papuásia-Nova Guiné. Friedland e Haas (1988) estudaram a migração de juvenis de menhaden do Atlântico *Brevoortia tyrranus* no estuário do rio York, Virgínia. Karunasinghe e Wijeyaratne (1991) estudaram a dinâmica populacional da sardinha *Amblygaster sirm* nas águas costeiras ocidentais do Sri Lanka. Conand (1991) estudou a biologia de *Amblygaster sirm* a partir de peixes capturados nas lagoas em torno da Nova Caledónia. Milton *et al.* (1996) observaram os padrões temporais e espaciais de recrutamento de anchovas de vida curta (*Encrasicholina devisi* e *E. heterolobus*) e de clupeídeos (*Spratelloides delicatulus, Spratelloidesgracilis* e *Spratelloides lewisi*) em alguns locais das Ilhas Salomão.

Miah *et al.* (1997) estimaram o crescimento e a mortalidade da população de *Hilsa ilisha* no rio Meghna do Bangladesh. Cendejas *et al.* (1997) estudaram os parâmetros de crescimento, a estrutura etária e a variação sazonal da reprodução e da dieta do peixe *Opisthonema oglinum* (Clupeiformes) no Banco Campech do México. Os comportamentos de agregação do arenque-anão *(Jenkinsia lamprotaenia)* foram investigados por Friedlander e Beets (1997). Friedlander e Beets (1997) sugeriram que a forte periodicidade lunar se deve à sua grande importância na pesca das Ilhas Virgens e à sua proeminência como base da teia alimentar pelágica costeira. A alteração química e o aspeto visual do sável indiano (*Tenualosa ilisha*) durante o armazenamento em gelo nas águas do Bangladesh foram estudados por Uddin *et al.* (1999). Blaber *et al.* (1999) observaram que a biologia, ecologia e história de vida de *Tenualosa macrura* na Indonésia. Reis e Pawson (1999) analisaram a morfologia de *Brevoortia pectinata* através da estimativa da seletividade dos dados de captura com rede de emalhar do Brasil.

Sarpeadonti *et al.* (2000) descreveram a ontogenia de dois jovens peixes Engraulídeos *Stolephorus baganensis* e *Thryssa kammalensis* das águas peninsulares da Malásia. Castillo e Kobelkowsky (2000) descreveram e analisaram a distribuição temporal e espacial e os padrões de segregação de *Brevoortia patronus* e *B. gunteri,* numa lagoa costeira de Veracruz. Os parâmetros populacionais (parâmetros de crescimento e mortalidade, taxas de exploração e padrões de recrutamento de crescimento) de amostras mensais de frequência de comprimento de *Sardinella longiceps, S. fimbriata, S. albella* e *Encrasicolina heteroloba* por Aripin *et al.* (2000)

Cubillos *et al.* (2001) estudaram a estratégia reprodutiva de *Strangomera bentincki* (Clupeidae) e *Engraulis ringens* (Engraulidae) e analisaram também os dados mensais de frequência de comprimento, o índice gonadossomático e o fator de condição das espécies em relação aos padrões sazonais das variáveis ambientais. Schafer *et al.* (2002) estudaram a contribuição volumétrica de diferentes presas para o conteúdo estomacal e as caraterísticas da boca de *Spratelloides robustus*. Stiassny (2002) reviu o género *Sauvagella* e também relatou uma nova espécie de *Sauvagella robusta*. Suda *et al.* (2002) estudaram as comunidades de peixes que compreendem os estádios pós-larvares até aos primeiros adultos de *Spratelloides gracilis*. Nyunja *et al.* (2002) investigaram as variações espaciais e temporais nos seus hábitos alimentares de *Sardinella gibbosa* do canal Wasini da costa do Quénia. Romanelli *et al.* (2002) investigaram o crescimento e a mortalidade das larvas *de Sadina pilchardus* exploradas ao longo da costa ocidental de Itália.

Roger (2003) descreveu a estratégia de história de vida da espadilha azul *Spratelloides robustus* no Sul da Austrália e comparou as caraterísticas demográficas observadas com as de outros clupeoides. Oetterer *et al.* (2003) monitorizaram o processo de fermentação em *Sardinella brasiliensis* para obter anchovas das águas do Brasil. Nurul Amin *et al.* (2004) trabalharam na avaliação e gestão das unidades populacionais *de Tenualosa ilisha* nas águas do Bangladesh. Abasi *et al.* (2004) estudaram a dinâmica da população explorada de *Ethmalosa fimbriata* (bonga) da pesca com redes de cerco com retenida no estuário do rio Cross e no Golfo da Guiné adjacente. Moazzam *et al.* (2004) observaram a morfometria de *Hilsa Kelee* da costa do Paquistão. Weng *et al.* (2005) estudaram a biologia reprodutiva e as alterações progressivas do tamanho dos ovários, o exame histológico dos ovários, as medições do diâmetro dos oócitos e os cálculos do índice gonodossomático da espadilha azul, *Spratelloides gracilis.* Saad (2005) enumerou 224 peixes ósseos pertencentes a 155 géneros pertencentes a 75 famílias e 18 ordens na costa mediterrânica da Síria. Durand *et al.* (2005) analisaram a estrutura da população de *Ethmolosa fimbriata* da África Ocidental.

Gwo *et al.* (2006) observaram a estrutura fina dos espermatozóides da espadilha azul, *Spratelloides gracilis*. Rahman e Cowx (2006) estudaram a microestrutura dos otólitos do sável *Hilsa* (*Tenualosa ilisha*, Clupeidae), que revelou a influência do ciclo lunar na formação de anéis de crescimento (incrementos). Amenzoui *et al.* (2006) observaram a biologia reprodutiva de *Sardina pilchardus* da costa atlântica de Marrocos. Guelinckx *et al.* (2006) examinaram a dinâmica migratória do arenque e da espadilha no estuário do Escalda, em França. Tsikliras (2007) observou o limiar térmico do início da maturação em peixes clupeídeos utilizando a análise do quociente na Grécia. Kasapidis *et al.* (2007) registaram *Etrumeus teres* pela primeira vez na Grécia. Marcelo *et al.* (2007) investigaram o canibalismo em *Engraulis anchoita* e verificaram que o canibalismo de ovos só foi encontrado num número limitado de peixes. Sebastien *et al.* (2007) estudaram as relações entre e dentro das principais linhagens da ordem Clupeiformes e exploraram algumas caraterísticas morfológicas das sequências do mitogenoma. Watanabe (2007) observou a variação latitudinal na dinâmica de recrutamento de peixes clupeídeos (*Clupea pallasii, Sardinops melanostictus, Etrumeus teres*) no Pacífico norte ocidental.

Martin *et al.* (2008) explicaram os mecanismos subjacentes às variações das populações de biqueirão em diferentes anos, devido a variáveis ambientais. Schismenou *et al.* (2008) estudaram o comportamento de desova do biqueirão e da *Sardinella* no Mediterrâneo. Tsagarakis *et al.* (2008) observaram a elevada importância económica da sardinha europeia (*Sardina pilchardus*) no mar Mediterrâneo e descreveram também a distribuição e as caraterísticas ambientais dos seus viveiros. Roberts (2008) descobriu recentemente um novo género de Pellonulinae (*Miniclupeoides dentibranchalus)* em Combodia. Zeeberg *et al.* (2008) observaram a abundância flutuante da sardinha (*Sardinella aurita*) nas águas da Mauritânia. Heok *et al.* (2010) identificaram 139 espécies, incluindo 57 famílias, na Marina Basin, em Singapura. Asriyana *et al.* (2010) estudaram os hábitos alimentares da sardinha arco-íris, *Dussumieria acuta*, na Baía de Kenderi, na Indonésia. Sheriff *et al.* (2010) investigaram a taxa de captura de juvenis *Ethamatosa fimbriata, Sardinella maderensis,* e *Brachydeuterus auritus* pescando na Península de Freetown.

CENÁRIO INDIANO

A primeira referência de clupeoides das águas indianas é a de Hamilton (1822), que descreveu os clupeoides do rio Hoogly e dos seus braços. O trabalho de Chaudhri (1916) contém descrições dos clupeoides do lago Chilka, na costa leste da Índia. Jordan e Seale (1925) efectuaram uma revisão dos Engraulidae com a descrição de espécies novas ou raras. Nair (1953) propôs uma chave para a identificação no terreno dos peixes clupeoides comuns da Índia. Os clupeoides do estuário de Hoogly e do lago Chilka foram também registados por David (1954). Venkataraman (1956) estudou a taxonomia e a biologia da anchova comum *Thrissocles mystax.* Dutt (1961) comunicou um novo registo de biqueirão *Thrissocles vitrirostris* das águas indianas.

Jacob (1961) listou 253 espécies pertencentes a 93 famílias com base na identificação nas águas de Parangipettai. Babu Rao (1973) descreveu trinta e quatro espécies de peixes clupeoides do estuário de Godavari, na costa leste da Índia. Babu Rao e Joglekar (1968) descreveram os caracteres morfométricos e merísticos de *Setipinna* sp. Marichamy (1970) estudou a maturidade e a desova da anchova, *Thrissina baelama* do mar de Andaman. Estudou também (1972) os hábitos alimentares do biqueirão de mandíbula curta *Thrissina baelama* do mar de Andaman. Babu Rao (1971, 76) descreveu um novo biqueirão, *Thryssa gautamiensis* do rio Godavari da Índia e fez uma descrição sistemática dos peixes clupeoides do estuário do Godavari. Whitehead (1973b) afirmou que 68 espécies de clupeoides foram registadas em águas indianas.

Ramaiyan (1975) e Ramaiyan e Whitehead (1976) descreveram espécies indianas *de Ilisha.* Ramaiyan e Paulpandian (1976) analisaram o carácter bioquímico dos Clupeiformes. Ramaiyan (1977) estudou a biossistemática dos clupeoides indianos, com especial referência a *Ilisha.* Parimala e Ramaiyan (1980) estudaram a biologia de *Nematalosa nasus* de Parangipettai. A sistemática, a pesca e a biologia de *Sardinella* sp. das águas de Parangipettai, costa sudeste da Índia, por Ranjit Singh (1980). Sivakumar (1981) estudou as três *Thryssa* sp. da costa peninsular indiana. As variações dos caracteres morfométricos e métricos de *Escualosa thoracata* entre a costa oriental e ocidental da Índia por Dutt e Seshagiri Rao (1981). Thangaraja e Ramaiyan (1985) descreveram a taxonomia das espécies *Thryssa* e *Thrissina* através da serra das brânquias. Lunther (1985) descreveu a identificação taxonómica e a biologia de *Chirocentrus dorab* e *Chirocentrus nudus*.

Madeswaran (1985) estudou a sardinha branca *Escualosa thoracata*. Anandan (1985) estudou a biologia e a identificação de *Thryssa mystax* e *Thryssa malabarica*. Rajaram (1986) observou que a identificação da população da espadilha indiana *Dussumieria acuta* de Parangipettai e águas adjacentes. Foram feitas muitas adições e revisões através de uma lista de verificação dos peixes de barbatanas estuarinos e marinhos das águas costeiras de Parangipettai, que inclui 114 famílias 255 géneros e 410 espécies (Ramaiyan *et al.*, 1986-87), dos quais Clupeiformes representados com 16 géneros e 36 espécies. Sahubar Hussain (1986) estudou a biologia e a identificação da população de *Ilisha melastoma* das águas costeiras da Índia. Ankamma Rao e Sharma (1987) descreveram os caracteres morfométricos e merísticos de *Setipinna* sp. do estuário de Krishna.

Sivakumar (1990) identificou a sardinha oleaginosa indiana *Sardinella longiceps* ao longo da costa oriental da Índia. Lazarus (1990) estudou a biologia da desova da sardinha-verdadeira *Sardinella sirm* de Vizhinjam. Reuben *et al.* (1992) estudaram a biologia e a exploração do sável *Hilsa ilisha* (Hamilton) ao longo da costa nordeste da Índia. Raja *et al.* (1994) estudaram a pesca e a biologia da sardinha branca *Escualosa thoracata* em Versova, Bombaim. A biologia e o potencial de pesca do *Amblygaster sirm* nas águas de Parangipettai foram estudados por Ramanathan (1995). Fernandez e Devaraj (1996) estudaram a avaliação das unidades populacionais de *Coilia dussumieri* ao longo da costa noroeste da Índia. Veerappan *et al.* (1997) estudaram a maturação e a biologia da desova de *Amblygaster sirm* na costa de Parangipettai. Sathianandan (1997) analisou os parâmetros de crescimento da classe de comprimento de *Sardinella longiceps*. Sathianandan e Alagaraja (1998) analisaram a decomposição espetral de todos os desembarques indianos de sardinha-legítima, a fim de revelar a periodicidade inerente aos picos de desembarque. De *et al.* (1998) estudaram a adequação da etiqueta de ancoragem Floy T-bar na *Hilsa* em Bengala Ocidental. A pesca da sardinha oleaginosa ao longo da costa de Kerala utilizando a abordagem de séries cronológicas e examinando também as suas relações com os factores climáticos, como a precipitação, o nível médio do mar, a pressão e a atividade solar, por Srinath (1998)

Ganga (2000) estudou a pesca da sardinha oleaginosa em Karwar. Ravichandran *et al.* (2001) observaram vibriose induzida por parasitas em *Chirocentrus dorab* ao largo das águas costeiras de Parangipettai. Doddamani *et al.* (2001) estimaram a relação comprimento-peso e o fator de condição relativa de *Stolephorus bataviensis* a partir de amostras recolhidas nas águas de Mangalore. Harikrishnan e Kurup (2002) revelaram a ocorrência invulgar de grandes cardumes de juvenis de sardinha-legítima que contribuem significativamente para a pesca no estuário de Ashtamudi. Prathibha Rohit (2003) comunicou que o maior espécime de sardinha-pintada (*Sardinella Iongiceps*) jamais registado nos mares da Índia media 272 mm de comprimento total e 159 g de peso. Abdurahiman *et al.* (2004) estudaram as relações comprimento-peso da *Sardinella longiceps* da costa sudeste de Karnataka. Rajkumar *et al.* (2006) observaram a ocorrência de um parasitismo duplo (copépode e isópode) numa anchova nas águas de Parangipettai. Atualmente, vários cientistas estão a trabalhar para alargar os nossos conhecimentos sobre os Clupeiformes de todo o mundo. No entanto, poucos cientistas estão a trabalhar na investigação pesqueira na Índia. Assim, é de esperar que, no futuro, a relevância dos Clupeiformes seja ainda mais necessária.

DESCRIÇÃO DA ZONA DE ESTUDO

A extensão costeira de Tamil Nadu é de 1076 km, o que representa mais de 13% de toda a extensão costeira de 8041 km do país (Palanisamy, 2006). No presente estudo, a zona de estudo foi escolhida para representar uma estrutura de 130 km da costa sul de Tamil Nadu, que se estende de Nagapattinam a Puducherry. Segue-se uma breve descrição da zona de estudo (Fig. 1): Puducherry (Lat.11°48'24.29" N; Long.79°48'1.42" E) é um passeio costeiro; situado na costa sudeste da Índia, e fica a cerca de 60 km a norte de Parangipettai e 150 km a sul de Chennai e é um dos seis territórios da união da Índia. Existem 627 barcos mecanizados, 2306 barcos motorizados e 1524 barcos não motorizados e tradicionais envolvidos em actividades de pesca ao longo da costa de Puducherry (GIO, 2007). O Território da União de Puducherry é composto por quatro regiões não contíguas e dispersas, encravadas em três Estados do sul da Índia, nomeadamente Tamil Nadu, Andhra Pradesh e Kerala. O comprimento total da linha costeira do Território da União de Puducherry é de 45 km, com uma plataforma continental combinada de 1000 km2 que possui um rico potencial de pesca marinha. A costa é arenosa. A pesca mecanizada, incluindo a pesca de arrasto, é praticada durante todo o ano, exceto durante a proibição de pesca de 45 dias entre 15 de abril e 30 de maio. A pesca com redes de emalhar é praticada de maio a outubro, sendo junho, julho e agosto os meses de maior atividade. A pesca com redes de saco é praticada de fevereiro a junho, sendo os meses de pico março, abril e maio. As redes de cerco em anel e as redes de cerco com retenida são utilizadas de fevereiro a junho, sendo os meses de pico março e abril. Um estuário dominado pelas marés (Ariankuppam) abre-se na Baía de Bengala, na costa de Coromandal. A amplitude da maré é, em média, de 20-70 cm, atingindo o seu máximo durante a monção de nordeste.

Parangipettai (Lat. 11°29'10.29 "N, Long. 79°47'40.47 "E) está situada a cerca de 20 km a nordeste de Chidambaram, na costa sudeste da Índia (Fig. 1). O rio Velar nasce nas colinas Servarayan de Salem (Tamil Nadu, Sul da Índia) e corre para leste durante cerca de 480 km antes de se juntar à Baía de Bengala em Parangipettai. O estuário do Velar é um estuário positivo, pois tem uma ligação livre com a Baía de Bengala durante todo o ano. Trata-se de um ambiente estuarino dinâmico influenciado pelo fluxo e refluxo semi-diurno das marés. Encontra-se num estado de fluxo constante e está sujeito a variações de salinidade e a outros processos hidrográficos estuarinos típicos resultantes de variações sazonais na quantidade de fluxo de água doce ou de precipitação monçónica. As trocas bióticas e abióticas ocorrem constantemente entre o estuário e os domínios neríticos adjacentes da Baía de Bengala. Este ambiente estuarino serve de local de desova e de berçário para muitos organismos marinhos de importância comercial e suporta igualmente uma rica pesca de peixes e crustáceos.

Nagapattinam (Lat. 10°45'7.98 "N; Long: 79°53'23.97 "E) tem uma linha de costa de 187,9 km e é também um dos principais centros de desembarque de peixe em Tamil Nadu, na costa sudeste da Índia (Fig. 1). A distância entre este local e Chennai, a capital de Tamil Nadu, é de cerca de 340 km. Toda a extensão costeira compreende 51 aldeias piscatórias (Palanisamy, 2006). Existem quatro distribuidores do rio Cauvery, nomeadamente Kaduvaiyaru, Odampochiyar, Vedharanyam Canal e Uppanar, que confluem para formar o estuário de Uppanar, que finalmente se junta à Baía de Bengala. A amplitude da maré nesta região é de 0,5 a 2,5 m. Esta área é uma zona propensa a ciclones durante os períodos de monção do sudeste e, mais recentemente, foi devastada pelo Tsunami (26 de dezembro de 2004) que matou milhares de vidas. A precipitação anual é de cerca de 1365 mm.

A população local depende principalmente da pesca e das actividades com ela relacionadas. Akkaraipettai e Keechankuppam são as principais aldeias piscatórias. O sector sustenta cerca de 21 000 famílias e conta com uma população de pescadores de cerca de 87 000 pessoas (Palanisamy, 2006). Os tipos de embarcações utilizadas para a pesca são: barcos de arrasto com popa de aço , barcos de arrasto com popa de madeira, vallam, barcos ou lanchas de fibra de vidro, catamarãs, barcos rurais mecanizados (canoas escavadas com motor) e barcos rurais não mecanizados (canoas escavadas sem motor). As artes utilizadas foram: redes de emalhar (Jagawala e Salangaiwala), redes de deriva (Katlala), redes de arrasto e redes de cerco com retenida. Cerca de 470 grupos de autoajuda, compostos principalmente por mulheres pescadoras das zonas costeiras, estavam envolvidos em actividades auxiliares, nomeadamente a venda de peixe, o fabrico de peixe seco, etc. (Palanisamy, 2006). A contribuição do desembarque em Nagapattinam foi de 2% do total da pesca na Índia (Veeramani, 2008). As exportações de produtos de pesca de elevado valor como o camarão, caranguejos, lagostas, chocos, polvos, moluscos e peixes comestíveis estão a tornar-se cada vez mais uma importante fonte de divisas. Para apoiar as actividades de pesca marítima, existem muitas indústrias subsidiárias e pontos de venda a retalho, como oficinas de base, fábricas de gelo, construtores de barcos, venda de peças sobressalentes, conserto de redes e depósitos de gasóleo, etc.

Fig. 1. Mapa da área de estudo.

MATERIAIS E MÉTODOS

As amostras de peixe foram recolhidas nos centros de desembarque de peixes de Puducherry, Parangipettai e Nagapattinam, entre janeiro de 2008 e dezembro de 2009. As amostras foram obtidas duas vezes em cada mês, num total de 144 amostragens (48 amostragens em cada transecto) nos três centros de desembarque. Os espécimes foram fotografados em estado fresco. As amostras foram conservadas em formalina neutralizada a 10% e a identificação das espécies foi confirmada com base nas fichas de identificação de espécies de peixes da FAO (Whitehead, 1985) e no Fishbase 2009. Cada medição foi efectuada com divisores de ponta de agulha e as proporções foram medidas em centímetros (cm). As medições individuais (Fig. 2) são efectuadas da seguinte forma

Comprimento padrão - Comprimento medido da ponta do focinho (quando a boca está fechada) até à extremidade da placa hipural. Este ponto da base da barbatana caudal foi tomado no ponto médio do sulco ventral formado na pele quando a barbatana é dobrada.

Comprimento da cabeça - Comprimento medido desde a ponta do focinho até ao ponto ósseo mais afastado do subopercúlo.

Comprimento do focinho - Comprimento medido desde a ponta do focinho até ao bordo posterior da pré-orbital óssea.

Diâmetro do olho - O diâmetro da órbita óssea foi medido a partir da extremidade posterior da pré-orbital até ao bordo anterior e da pós-orbital numa linha paralela ao eixo médio-lateral do corpo.

Profundidade do corpo - Comprimento medido desde a inserção do raio dorsal até ao perfil ventral do corpo, numa linha perpendicular ao eixo médio-lateral do corpo.

Distância pré-dorsal - Comprimento medido desde a ponta do focinho até à inserção do primeiro raio dorsal.

Distância pré-pélvica - Comprimento medido desde a ponta do focinho até à inserção do primeiro raio ventral ou do raio ventral externo.

Distância pré-peitoral - comprimento desde a ponta do focinho até à inserção do primeiro raio da barbatana anal.

As contagens foram efectuadas como indicado a seguir

Raios das barbatanas - Cada raio da barbatana dorsal, da barbatana peitoral e da barbatana anal, simples ou ramificado, foi considerado como um raio. Os raios simples não ramificados são designados por algarismos romanos, enquanto os raios ramificados são indicados por algarismos.

Escudos pré-ventrais - O número de escudos pré-ventrais conta a partir do primeiro no istmo até ao mais posterior.

Escudos pós-ventrais - O número de escudos pós-ventrais é contado a partir do escudo imediatamente a seguir ao último escudo preventivo até ao último escudo, que tem sempre a sua ponta posterior na abertura anal e, por vezes, sobre a mesma.

Anteparos - Na maior parte dos casos, são contados os dois arcos (superior e inferior). A linha divisória entre os rakers dos dois ramos é facilmente determinada pelo espalhamento dos membros do arco.

Análise estatística- Os caracteres morfométricos e merísticos foram utilizados para calcular a média, a mediana, a moda, o desvio padrão e o erro padrão.

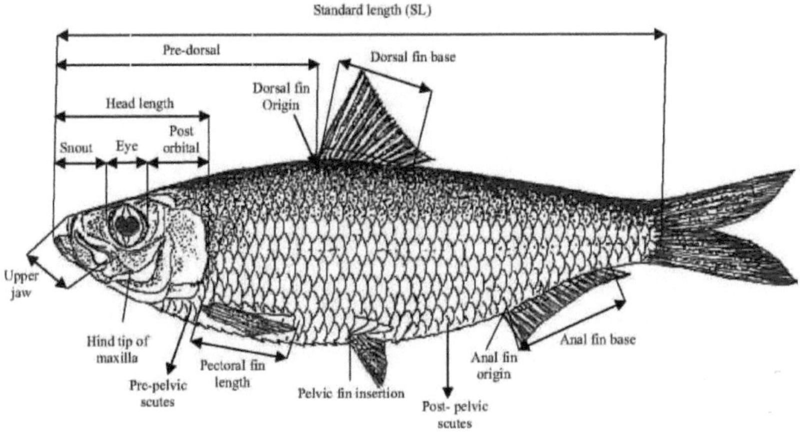

Ordem Clupeiformes

Os peixes Clupeiformes são peixes de tamanho moderado, pequeno ou muito pequeno, com um comprimento padrão de 2 a 100 cm. O corpo é geralmente fusiforme, por vezes quase redondo na secção transversal (alguns *Dussumieria, Etrumeus* e também *Engraulis*). O corpo comprimido encontra-se nos Chirocentridae e em alguns Pristigasteridae. Sem espinhos nas barbatanas, a barbatana dorsal é única e curta com 11 a 23 raios. A barbatana dorsal está posicionada perto do ponto médio do corpo, mas nos Chirocentridae e em alguns Pristigasteridae está muito atrás. As barbatanas pélvicas são pequenas e inseridas na parte ventral do peixe, com 6 a 10 raios, e posicionam-se um pouco antes ou um pouco atrás da base da barbatana dorsal. Normalmente, existe um escudo pélvico com braços ascendentes à frente das barbatanas pélvicas. As escamas pélvicas estão ausentes nos Chirocentridae. No entanto, as escamas pélvicas em forma de W estão presentes nos Dussumieriinae. A boca é pequena, com o maxilar inferior profundo e triangular nos Chirocenridae, Clupeidae e Pristigasteridae, enquanto que é delgada e longa na maioria dos Engraulidae. As pré-maxilas geralmente têm uma supra-maxila anterior (primeira) e posterior (segunda) ao longo da borda. Pequenos dentes cónicos estão tipicamente presentes nos maxilares e no vómer, palatinos e endo e ectopterygoides (céu da boca). As mandíbulas podem apresentar dentes caninos. Quase todas as espécies têm uma cobertura completa de escamas ciclóides no corpo. Os Clupeiformes são constituídos por quatro famílias: Chirocentridae, Clupeidae, Engraulidae e Pristigasteridae.

Família Chirocentridae

Os peixes Chirocentridae têm um corpo alongado e muito comprimido. A cor do corpo em vista dorsal é azul brilhante e os flancos são brancos prateados. Não há escamas ao longo do ventre e da barbatana pélvica. A cabeça é fortemente comprimida, com dois dentes caninos em forma de presas apontando para a frente no maxilar superior e uma série de dentes caninos no maxilar inferior. Barbatana dorsal curta, inserida atrás do ponto médio do corpo. Barbatana peitoral baixa. As barbatanas pélvicas são muito pequenas. As barbatanas anais são mais longas do que as barbatanas dorsais e inserem-se verticalmente abaixo da origem da barbatana dorsal. Barbatana caudal profundamente bifurcada. Sem linha lateral. As escamas são pequenas e numerosas. Os quirópteros são peixes costeiros marinhos amplamente distribuídos nas zonas mais quentes da região do Indo-Pacífico, desde o Oceano Índico ocidental até ao Pacífico ocidental (Whitehead, 1985). De acordo com

Bhatal (2005) observou que a família Chirocentidae era abundante na costa oriental da Índia. Ramaiyan (1977) declarou que a família Chirocentridae era a mais dominante na costa oriental da Índia e observou também que o arenque-lobo (*Chirocentrus dorab*) era a espécie mais dominante, que contribui com cerca de 0,5 a 1,0% da média anual de desembarques de peixe do país. A família Chirocentridae é ocupada por um único género, *Chirocentrus*.

Chave para as famílias de clupeoides

1. Sem escamas ao longo do ventre (mesmo a escama pélvica está ausente); dois dentes caninos em forma de presas no maxilar superior, apontando para a frente; corpo muito comprimido, alongado .... **Chirocentridae**

2. Escudos geralmente presentes ao longo do ventre; barbatana anal moderada, menos de 30 raios da barbatana (exceto se a boca for inferior, por exemplo, Dorosoma) **Clupeídeos**

3. Articulação do maxilar inferior bem atrás do olho, maxilar inferior geralmente esguio; focinho "tipo porco" e saliente, maxilar inferior "subjacente" **Engraulídeos**

4. Escudos geralmente presentes ao longo do ventre; barbatana anal longa, com pelo menos 30 finrays; maxilar inferior saliente, boca dirigida mais ou menos para cima **Prstigasterídeos**

Chave para os géneros de Clupeoides

1. Sem escamas ao longo do ventre; dois caninos em forma de espinha no maxilar superior

Chirocentro

2. Presença de duas protuberâncias carnudas na margem posterior da abertura branquial; ventre fracamente quilhado; raios da barbatana pélvica com 7 ***Amblygaster***

3. Corpo mais profundo; ventre totalmente estriado; boca subterminal ***Anodontostoma***

4. Presença de escamas pré-dorsais modificadas em ambos os lados da linha média ***Brevoortia***

5. Ausência de escudos abdominais; 9 a 11 raios branquiostegiais; presença de escudo pélvico em forma de W...... ***Dussumieria***

6. Os peixes são pequenos e assemelham-se a juvenis *de Sardinella;* a ponta do maxilar e o segundo supramaxilar estão aumentados e têm uma forma retangular; uma risca prateada brilhante está presente ao longo do flanco ***Escualosa***

7. As guelras são longas e numerosas; as guelras superiores são fortemente curvadas e em forma de V

Etmalosa

8. O topo da cabeça apresenta numerosas estrias frontoparietais longitudinais; as escamas são moderadas e perfuradas.. ***Hilsa***

9. O último raio da barbatana dorsal é filamentoso .. ***Nematalosa***

10. As barbatanas pélvicas estão ausentes; a barbatana anal é longa ***Opistópteros***

11. Presença de duas protuberâncias carnudas na margem posterior da abertura branquial; hipomaxila dentada; raios da barbatana pélvica com 8 ***Sardinheira***

12. Ausência de escudos abdominais; os raios branquiais variam entre 6 e 7; o escudo em forma de W está inserido entre as barbatanas pélvicas ...***Spratelloides***

13. A parte superior da cabeça não tem mais estiletes frontoparietais; o maxilar superior tem um entalhe mediano distinto; as guelras são numerosas ***Tenualosa***

14. Sem hipomaxila dentada entre a extremidade posterior da pré-maxila e a lâmina da maxila; com barbatana anal longa ***Ilisha***

15. Presença de hipomaxila dentada; barbatana anal longa.................. ***Pellona***

16. Maxila curta e romba, arredondada posteriormente; a maxila mal se projectava para além da segunda supra-maxila; o ístmo não atingia o bordo posterior da membrana branquial; o corpo era prateado .... ***Encrasicholina***

17. Corpo alongado e cilíndrico com um focinho proeminente; a barbatana anal começa abaixo do meio da dorsal; uma estreita faixa prateada estava presente ao longo dos lados do corpo translúcido...

Stolephorus

18. Ventre com uma quilha afiada de escamas. Focinho rombo com maxila mais comprida; origem da barbatana anal logo atrás do último raio dorsal ***Thryssa***

19. Os raios peitorais são robustos e alongados............***Coilia***

Classificação

Filo	: Chordata
Subfilo	: Vertebrados
Super classe	: Gnathostomata
Classe	: Osteichthyes
Encomendar	: Clupeiformes
Subordem	: Clupeoidei
Família	: Chirocentridae

Género Chirocentrus Cuvier, 1816

Diagnóstico

O género *Chirocentrus* está representado por duas espécies, *Chirocentrus dorab* (Forsskal, 1775) e *Chirocentrus nudus* (Swainson, 1839). Ambas as espécies têm corpos alongados e mandíbulas com dentes longos e afiados que facilitam o seu apetite voraz. *Chirocentrus dorab* e *Chirocentrus nudus* estão estreitamente relacionados em todos os caracteres morfométricos e merísticos, exceto no comprimento da barbatana peitoral. Devido à estreita relação morfológica *entre os Chirocentrus*, a maioria dos investigadores considerou que a espécie *Chirocentrus dorab* é única. Lunther, 1968 separou *Chirocentrus dorab* de *Chirocentrus nudus.* A segunda espécie, *Chirocentrus nudus* (Swainson, 1839), foi descrita pela barbatana peitoral mais comprida e pela ausência de marcas negras na ponta da barbatana dorsal.

Distribuição geográfica

Tanto a família como o género são endémicos da Índia.

Chirocentrus dorab (Forsskal, 1775) (Fig. 3; Quadro 1)

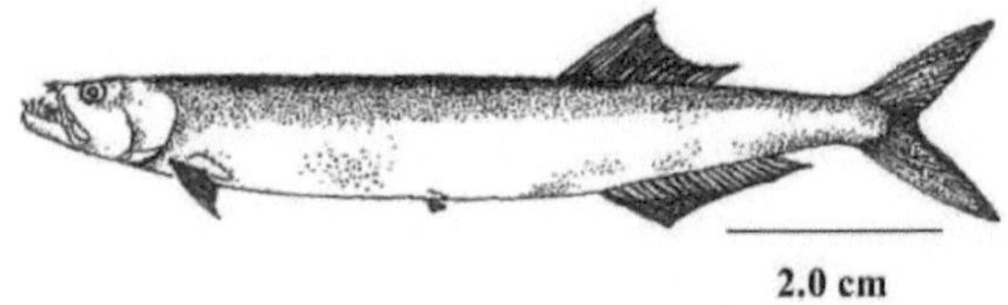

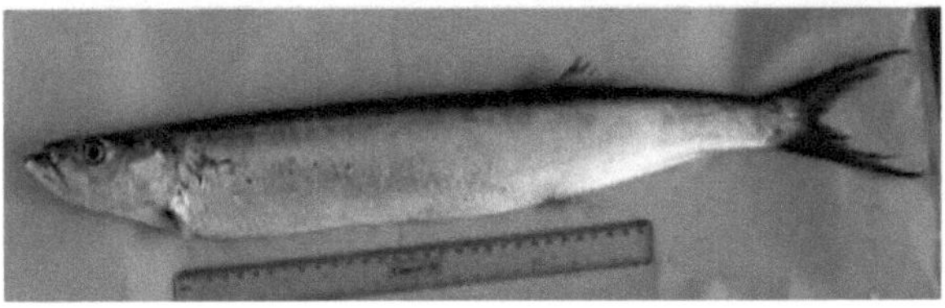

Fig. 3- ***Chirocentrus dorab***

Espécie-tipo

Holótipo: CAS/MBRC/252, 32 cm SL, Índia, costa leste, Puducherry, 11°48'24.29" N, 79°48'1.42" E; A. Arockiamary; março, 2008.

Parátipo: CAS/MBRC/302, 43 cm SL, Índia, costa leste, Parangipettai, 11°29'10.29 "N, 79°47'40.47 "E; A. Arockiamary; maio, 2008.

Diagnóstico

Entre os Clupeiformes, *o Chirocentrus dorab* é uma espécie comercialmente valiosa e distribui-se normalmente ao longo do ano nas zonas de estudo. *O Chirocentrus dorab* é identificado por dois caninetes em forma de presas no maxilar superior e apontando para a frente. A superfície dorsal é densamente colorida. A barbatana peitoral é ligeiramente mais curta do que a *do Chirocentrus nudus*. Os espécimes concordam bem com a descrição anterior (Whitehead, 1985), exceto no que se refere a pequenas variações nas medidas relativas do corpo. Os valores da média, do erro padrão, da mediana, da moda e do desvio padrão relativos a 10 caracteres são apresentados no quadro 1. O erro padrão e o desvio padrão do comprimento padrão foram de 0,687 e 4,398, comprimento da cabeça 0,047 e 0,302; diâmetro do olho 0,016 e 0,101; comprimento da barbatana peitoral 0,042 e 0.267; distância pré-dorsal 0,317 e 2,029; profundidade do corpo 0,075 e 0,479; raios da barbatana dorsal 0,078 e 0,499; raios da barbatana pélvica 0,000 e 0,000; raios da barbatana anal 0,325 a 2,079; 0,128 e 0,821 respetivamente. Estudos sobre esta espécie, incluindo o crânio (Ridewood, 1904), ovos e larvas (Delsmen, 1922), reprodução (Hora, 1924), juvenis (Chacko, 1949; Basheerudin e Nayar, 1962), bexiga natatória (Srivastava, 1955), biologia (Prabhu, 1953), esqueleto caudal (Cauvender, 1966), taxonomia e descrições (Whitehead, 1965; Ramaiyan, 1977; Lunther, 1985; Fishbase, 2009), parasitismo (Ravichandran *et al.*, 2001), relação comprimento-peso (Abdurahiman *et al.*, 2004) e biodiversidade (Rajasegar e Senthilkumar,

2009).

Descrição

O arenque-lobo Dorab tem um corpo alongado e comprimido com um ventre pontiagudo. O corpo está coberto de pequenas escamas ciclóides. Uma única barbatana dorsal e anal está inserida na metade posterior do corpo. As escamas abdominais estão ausentes. A boca, virada para cima, tem grandes dentes caninos em ambos os maxilares. Existem dois dentes caninos virados para a frente nas pré-maxilas. O peixe é azul-esverdeado na parte dorsal e prateado nos flancos (Fig. 3). Foram recolhidos 41 exemplares desta espécie em Puducherry, Parangipettai e Nagapattinam em 2008 e 2009. Com base nos espécimes, o comprimento padrão é de 32-47 cm, a profundidade do corpo é de 6,9-8,5 cm, o comprimento da cabeça é de 7,9-8,9 cm, o diâmetro dos olhos é de 1,4-1,7 cm; o comprimento da barbatana peitoral é de 3,8-4,6 cm, a distância pré-dorsal é de 27-33,5 cm; os raios da barbatana dorsal são 16-17, os raios da barbatana anal são 28-34, os raios da barbatana ventral são 7; as brânquias são 13-15. A análise estatística dos caracteres morfométricos e merísticos é apresentada no quadro 1.

Distribuição geográfica

Austrália; Barém; Bangladeche; Camboja; China; Jibuti; Timor-Leste; Egito; Eritreia; Fiji; Hong Kong; Índia; Indonésia; Irão; Iraque; Israel; Japão; Jordânia; Quénia; Coreia; Kuwait; Madagáscar; Malásia; Maurícia; Moçambique; Mianmar; Nova Caledónia; Omã; Paquistão; Filipinas; Arábia Saudita; Singapura; Ilhas Salomão; Somália; África do Sul; Sri Lanka; Sudão; Taiwan; Tanzânia; Tailândia; Vietname e Iémen.

Tabela 1. Desvio-padrão e erro-padrão para caracteres morfométricos e merísticos de *Chirocentrus dorab*

Parâmetros	Média	Erro Std.	Mediana	Modo	Desvio Std. Desvio
Comprimento padrão	37.244	0.687	36	32	4.398
Comprimento da cabeça	8.324	0.047	8	8	0.302
Diâmetro do olho	1.493	0.016	2	1	0.101
Comprimento da barbatana peitoral	4.156	0.042	4	4	0.267
Distância pré-dorsal	29.305	0.317	29	31	2.029
Profundidade do corpo	7.468	0.075	7	8	0.479
Raios da barbatana dorsal	16.415	0.078	16	16	0.499
Raios da barbatana pélvica	7.000	0.000	7	7	0.000
Raios da barbatana anal	30.600	0.325	30	28	2.079

Desfolhadores	13.976	0.128	14	13	0.821

Chirocentrus nudus (Swainson, 1839) (Fig. 4; Quadro 2)

Fig. 4. *Chirocentrus nudus*

Espécie-tipo

Holótipo: CAS/MBRC/205, 29,1 cm SL, Índia, costa leste, Puducherry, 11°48'24.29" N, 79°48'1.42" E; A. Arockiamary; fevereiro, 2008.

Parátipo: CAS/MBRC/248, 30 cm SL, Índia, costa leste, Parangipettai, 11°29'10.29 "N, 79°47'40.47 "E; A. Arockiamary; março, 2008.

Diagnóstico

Um total de 43 espécimes desta espécie foram recolhidos em Puducherry, Parangipettai e Nagapattinam em 2008 e 2009. *A espécie Chirocentrus nudus* é comummente distribuída ao longo do ano na zona de estudo e é menos abundante do que a *espécie Chirocentrus dorab.* A barbatana peitoral é mais comprida do que a *de Chirocentrus dorab.* Os materiais examinados confirmam bem a descrição anterior de Whitehead (1973b, 1985). Os valores da média, do erro padrão, da média, da moda e do desvio padrão relativos a 11 caracteres são apresentados no quadro 2. O erro padrão e o desvio padrão foram: 0,139 e 0,911; 0,050 e 0,330; 0,026 e 0,172; 0,057 e 0,371; 0,158 e 1,037; 0,131 e 0,860; 0,045 e 0,298; 0,120 e 0,787; 0,000 e 0,000; 0,127 e 0,833; 0,229 e 1.502 para o comprimento padrão, o comprimento da cabeça, o diâmetro dos olhos, o comprimento da barbatana peitoral, a distância pré-dorsal, a distância pré-pélvica, a profundidade do corpo, os raios da barbatana dorsal, os raios da barbatana pélvica, os raios da barbatana anal e as brânquias, respetivamente. Estudos sobre a separação de *C. dorab* (Lunther, 1968), taxonomia e descrições (Whitehead, 1973b; Lunther, 1985; Fishbase, 2009) e incluída na lista de controlo de peixes

(Ramaiyan *et al.*, 1986-87).

Descrição

O corpo era alongado e comprimido. As mandíbulas têm dentes caninos poderosos. As barbatanas dorsal e anal estão inseridas bem atrás do ponto médio do corpo. Sem escamas abdominais. A presença de uma barbatana peitoral mais comprida do que a *do C. dorab* é a caraterística distintiva mais importante desta espécie. A superfície superior do corpo é azul escura e a superfície inferior é prateada. Com base em 43 espécimes recolhidos nas áreas de estudo, o comprimento padrão é de 29,1-30,3 cm, a profundidade do corpo é de 5,3-5,7 cm, o comprimento da cabeça é de 6,5-7,0 cm, o diâmetro dos olhos é de 1,1-1,3 cm, o comprimento da barbatana peitoral é de 3,3-3,7 cm, a distância pré-dorsal é de 20,3-21,3 cm e a distância pré-pélvica é de 16,9-18,1 cm.

Os raios da barbatana dorsal são 16-18, os raios da barbatana anal são 33-35, os raios da barbatana ventral são 7 e as brânquias são 812. (Fig.4). A análise estatística dos caracteres morfométricos e merísticos é apresentada no quadro 2.

Distribuição geográfica

Provavelmente em todas as águas costeiras mais quentes do Indo-Pacífico; Golfo Árabe; Mar Vermelho; costa oriental de África a sul de Durban; a leste do Japão; Filipinas; sul do norte da Austrália; Mombaça; Sri Lanka; arquipélago da Indo-Austrália e Cantão e Parangipettai, Índia (Ramaiyan *et al.*, 1986-87).

Tabela 2. Desvio-padrão e erro-padrão dos caracteres morfométricos e merísticos de *Chirocentrus nudus*

Parâmetros	Média	Erro Std.	Mediana	Modo	Desvio Std. Desvio
Comprimento padrão	30.507	0.139	31	30	0.911
Comprimento da cabeça	7.028	0.050	7	8	0.330
Diâmetro do olho	1.356	0.026	1	1	0.172
Comprimento da barbatana peitoral	3.807	0.057	4	4	0.371
Distância pré-dorsal	21.651	0.158	22	21	1.037
Distância pré-pélvica	18.270	0.131	18	18	0.860
Profundidade do corpo	5.756	0.045	6	6	0.298
Raios da barbatana dorsal	17.000	0.120	17	17	0.787
Raios da barbatana pélvica	7.000	0.000	7	7	0.000
Raios da barbatana anal	34.140	0.127	34	35	0.833
Desfolhadores	9.930	0.229	10	8	1.502

Família Clupeidae

Os clupeídeos são peixes fusiformes com uma série completa de escamas ao longo do ventre, exceto os membros da subfamília Dussumieriinae. Existe uma grande variação na forma e profundidade do corpo. Os peixes têm o corpo de forma redonda a fortemente comprimido e profundo. A boca é terminal com duas supra-maxilas e os dentes maxilares são pequenos. A barbatana dorsal é curta e está inserida perto do ponto médio do corpo. As barbatanas pélvicas estão inseridas à frente, abaixo ou atrás da base da barbatana dorsal. A barbatana anal é curta e está inserida longitudinalmente bem atrás do último raio da barbatana dorsal. As escamas são de tamanho moderado, com 40 a 50 números nas séries laterais. Os Clupeídeos são peixes tipicamente costeiros e de cardume, que se encontram em todo o lado. Alimentam-se de pequenos animais planctónicos. Formam grandes cardumes e espalham um grande número de ovos pelágicos a partir dos quais eclodem as larvas planctónicas (Whitehead, 1985).

A família Clupeidae ocupa o primeiro lugar entre os peixes alimentares do mundo, tanto em abundância numérica como em valor económico (Ramaiyan, 1977). O arenque e os seus parentes (anchovas, menhadens, sardinhas e espadilhas) são um grupo de peixes cosmopolita e maioritariamente marinho (Ramaiyan & Whitehead, 1976). Os clupeoides tropicais (especialmente *Encrasicholina* e *Spratelloides)* são espécies pequenas e de crescimento rápido que atingem a maturidade sexual em 2 meses e vivem geralmente menos de 5 meses (Weng, 2005). A família Clupeidae é constituída por cinco subfamílias, nomeadamente Dussumieriinae, Clupeinae, Pellonulinae, Alosinae e Dorosomatinae. Os representantes da família Clupeidae foram representados por 30 espécies pertencentes a doze géneros. De acordo com Whitehead (1985), *Dussumieria*, *Etrumeus*, *Spratelloides* e *Jenkinsia* são os géneros mais bem sucedidos de Clupeidae. No entanto, até à data, os géneros *Etrumeus* e *Jenkinsia* não foram registados em águas indianas. Durante o presente estudo, *Dussumieria* e *Spratelloides* foram registados com duas e quatro espécies, respetivamente. O género *Sardinella*, em particular, foi representado com onze espécies. Por outro lado, os outros géneros *Hilsa*, *Escualosa*, *Nematalosa* e *Brevoortia* foram representados por duas espécies cada. Os géneros *Tenualosa*, *Amblygaster*, *Anodontostoma Ethmalosa* e *Opisthopterus* foram representados com uma espécie cada.

Distribuição geográfica

Tanto a família como o género são endémicos da Índia.

Classificação

Filo	: Chordata
Subfilo	: Vertebrados
Super classe	: Gnathostomata

Classe : Osteichthyes

Encomendar : Clupeiformes

Subordem : Clupeoidei

Família : Clupeidae

Géneros : *Amblygaster, Sardinella, Escualosa, Ethmalosa, Hilsa, Tenualosa, Nematalosa, Anodontostoma, Brevoortia* e *Opisthopterus*

Género *Amblygaster* Bleeker, 1849

Os peixes têm um corpo moderado e esguio. A presença de duas protuberâncias carnudas na margem posterior da abertura branquial distingue *o Amblygaster* de todos os outros clupeídeos. Possui 7 a 14 frontoparietais na cabeça. O arco branquial inferior tem 26 a 43 brânquias. Uma série de escamas predadoras estão dispostas no meio do corpo. Uma única espécie, *Amblygaster sirm*, foi identificada durante todo o período de estudo.

Amblygaster clupeoids (Bleeker, 1849) (Fig. 5; Quadro 3)

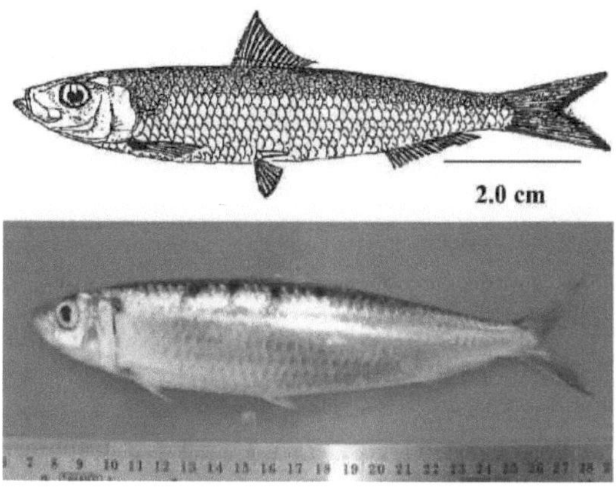

Fig. 5. *Clupeoides de Amblygaster*

Espécie-tipo

Holótipo : CAS/MBRC/618, 16 cm SL, Índia, costa leste, Nagapattinam, 10°45'7.98" N, 79°53'23.97" E; A. Arockiamary; fevereiro, 2009.

Parátipo: CAS/MBRC/635, 21 cm SL, Índia, costa leste, Puducherry, 11°48'24.29" N, 79°48'1.42" E; A. Arockiamary; março, 2009.

Diagnóstico

Um total de 50 espécimes desta espécie foram recolhidos em Puducherry, Parangipettai e

Nagapattinam em 2008 e 2009. As descrições acima concordam bem com as de Whitehead (1985). Esta espécie foi identificada e confirmada por V. Ramaiyan, antigo professor e diretor de biologia das pescas CAS em Biologia Marinha, Universidade de Annamalai, Parangipettai, Índia. Os valores da média, do erro padrão, da média, da moda e do desvio padrão relativos a 12 caracteres são apresentados no quadro 3. O erro padrão e o desvio padrão foram: 0,252 e 1,785; 0,024 e 0,169; 0,020 e 0,145; 0,019 e 0,134; 0,028 e 0,195; 0,061 e 0,428; 0,020 e 0,139; 0,071 e 0,505; 0,111 e 0,781; 0,070 e 0,495; 0,000 e 0,000; 0,257 e 1.816, para o comprimento padrão, a profundidade do corpo, o comprimento da cabeça, o diâmetro dos olhos, o comprimento da barbatana peitoral, a distância pré-dorsal, a distância pré-pélvica, os raios da barbatana dorsal, os raios da barbatana anal, os raios da barbatana peitoral, os raios da barbatana pélvica e as brânquias inferiores, respetivamente.

Descrição

Corpo moderadamente delgado. O ventre é arredondado e as escamas não são proeminentes. A barbatana dorsal estava presente aproximadamente a meio do corpo e a barbatana pélvica abaixo da base da barbatana dorsal. A parte dorsal do corpo era azul e a parte ventral prateada (Fig. 5). A análise estatística dos caracteres morfométricos e merísticos é apresentada na tabela 31. Comprimento padrão 15,9-21,3 cm, profundidade do corpo 3,8-4,3 cm, comprimento da cabeça 3,2-3,6 cm, diâmetro do olho 0,8-1,1 cm, comprimento da barbatana peitoral 1,8-2,4 cm, distância pré-dorsal 7,3-8,8 cm e distância pré-pélvica 7,8-8,2 cm. Raios da barbatana dorsal 16-17, raios da barbatana anal 16-18, raios da barbatana peitoral 16-17, raios da barbatana pélvica 7, raios branquiais 7 e brânquias inferiores 26-31.

Distribuição geográfica

Oceano Índico oriental (costas meridionais da Índia, talvez Baía de Bengala) e Indonésia para leste até Fiji e costa sudeste da Índia no presente estudo.

Tabela 3. Desvio padrão e erro padrão para caracteres morfométricos e merísticos de *Amblygaster clupeoides*

Parâmetros	Média	Erro Std.	Mediana	Modo	Desvio Std. Desvio
Comprimento padrão	18.396	0.252	18	16	1.785
Profundidade do corpo	4.048	0.024	4	4	0.169
Comprimento da cabeça	3.384	0.020	3	3	0.145
Diâmetro do olho	0.944	0.019	1	1	0.134
Comprimento da barbatana peitoral	2.128	0.028	2	2	0.195
Distância pré-dorsal	7.928	0.061	8	8	0.428
Distância pré-pélvica	7.972	0.020	8	8	0.139
Raios da barbatana dorsal	16.480	0.071	16	16	0.505

Raios da barbatana anal	17.040	0.111	17	17	0.781
Raios da barbatana peitoral	16.000	0.060	16	16	0.495
Raios da barbatana pélvica	7.000	0.000	7	7	0.000
Brânquias inferiores	29.920	0.257	31	31	1.816

Amblygaster leiogaster (Valenciennes, 1847) (Fig. 6; Quadro 4)

Fig. 6. ***Amblygaster leiogaster***

Espécie-tipo

Holótipo : CAS/MBRC/517, 15,5 cm SL, Índia, costa leste, Parangipettai, 11°29'10.29 "N, 79°47'40.47 "E; A. Arockiamary; dezembro, 2008.

Parátipo: CAS/MBRC/583, 17 cm SL, Índia, costa leste, Puducherry, 11°48'24.29" N, 79°48'1.42" E; A. Arockiamary; janeiro, 2009.

Diagnóstico

Um total de 46 espécimes desta espécie foram recolhidos em Puducherry, Parangipettai e Nagapattinam em 2008 e 2009. Os espécimes concordam bem com os de Whitehead (1985). Esta espécie foi identificada e confirmada por V. Ramaiyan, antigo professor e diretor de biologia das pescas CAS em Biologia Marinha, Universidade de Annamalai, Parangipettai, Índia. Os valores da média, do erro padrão, da média, da moda e do desvio padrão relativos a 12 caracteres são apresentados no quadro 4. O erro padrão e o desvio padrão foram: 0,087 e 0,592; 0,015 e 0,100; 0,010 e 0,065; 0,007 e 0,047; 0,016 e 0,107; 0,041 e 0,275; 0,065 e 0,443; 0,074 e 0,505; 0,114 e 0,772; 0,000 e 0,000; 0,000 e 0,000; 0,204 e 1.386 para o comprimento padrão, profundidade do corpo, comprimento da cabeça, diâmetro do olho, comprimento da barbatana peitoral, distância pré-dorsal, distância pré-pélvica, raios da barbatana dorsal, raios da barbatana anal, raios da barbatana peitoral, raios da barbatana pélvica e brânquias inferiores, respetivamente. Esta espécie é registada pela primeira vez na Índia. Estudos sobre taxonomia e descrição (Whitehead, 1985; Fishbase, 2009), biologia (Dalzell, 1986) e padrões temporais e espaciais (Milton *et al.*, 1996).

Descrição

Corpo subcilíndrico. O ventre é arredondado e as escamas não são proeminentes. Esta espécie distingue-se de *Amblygaster sirm* pela ausência de manchas ao longo do flanco. Barbatana dorsal posicionada aproximadamente a meio do corpo, barbatana pélvica abaixo da base da barbatana dorsal. A cor do corpo é negro-azulada e os flancos prateados (Fig. 6). A análise estatística dos caracteres morfométricos e merísticos é apresentada na tabela 30. Comprimento padrão 15,3-17,2 cm, profundidade do corpo 3,9-4,2 cm, comprimento da cabeça 3,3-3,5 cm, diâmetro do olho 1,0-1,1 cm, comprimento da barbatana peitoral 1,7-2,1 cm, distância pré-dorsal 7,1-7,9 cm, distância pré-pélvica 7,7-8,9 cm. Raios da barbatana dorsal 18-19, raios da barbatana pélvica 7, raios da barbatana anal 17-19 e brânquias inferiores 28-32.

Distribuição geográfica

Pacífico Indo-Ocidental (costas de África a leste de Okinawa, também Austrália Ocidental).

Tabela 4. Desvio padrão e erro padrão para caracteres morfométricos e merísticos de *Amblygaster leiogaster*

Parâmetros	Média	Erro Std.	Mediana	Modo	Desvio Std. Desvio
Comprimento padrão	16.500	0.087	17	17	0.592
Profundidade do corpo	4.043	0.015	4	4	0.100
Comprimento da cabeça	3.402	0.010	3	3	0.065
Diâmetro do olho	1.033	0.007	1	1	0.047
Comprimento da barbatana peitoral	1.957	0.016	2	2	0.107
Distância pré-dorsal	7.483	0.041	8	7	0.275
Distância pré-pélvica	8.265	0.065	8	8	0.443
Raios da barbatana dorsal	18.478	0.074	18	18	0.505
Raios da barbatana anal	18.065	0.114	18	18	0.772
Raios da barbatana peitoral	16.000	0.000	16	16	0.000
Raios da barbatana pélvica	7.000	0.000	7	7	0.000
Brânquias inferiores	30.348	0.204	31	30	1.386

Amblygaster sirm (Walbaum, 1792) (Fig. 7; Quadro 5)

Fig. 7. ***Amblygaster sirm***

Espécie-tipo

Holótipo : CAS/MBRC/396, 13,7 cm SL, Índia, costa leste, Parangipettai, 11°29'10.29 "N, 79°47'40.47 "E; A. Arockiamary; junho, 2008.

Parátipo: CAS/MBRC/402, 15 cm SL, Índia, costa leste, Puducherry, 11°48'24.29" N, 79°48'1.42" E; A. Arockiamary; agosto, 2008.

Diagnóstico

Um total de 16 espécimes desta espécie foram recolhidos em Puducherry, Parangipettai e Nagapattinam em 2008 e 2009. Os espécimes concordam bem com a descrição anterior dada por Ramaiyan (1977). Os valores da média, do erro padrão, da meadiana, da moda e do desvio padrão relativos a 25 caracteres são apresentados no quadro 5. O erro padrão e o desvio padrão foram: 0,194 e 1,816; 0,195 e 1,830; 0,050 e 0,467; 0,019 e 0.176; 0.016 e 0.147; 0.021e 0,196; 0,006 e 0.060;0,013 e 0,123; 0,134 e1.260;0.072 e 0.673;0,040 e0.374; 0.186 e 1,746; 0.040e 0,375; 0,010 e0,090; 0,029 e 0.276; 0.128 e 1.203; 0.054e 0,503; 0,000 e 0,000; 0,119 e1.113;0.223 e 2.095; 0.390 e 3.658;0,428 e4.019; 0.225e 2,112; 0,170 e 1,598; 0,360 e 3.380, para o comprimento total, o comprimento padrão, o comprimento da cabeça, o comprimento do focinho, o diâmetro dos olhos, o comprimento pós-orbital, o comprimento do maxilar superior, o comprimento do maxilar inferior, a distância predorsal, a distância pré-pélvica, a distância pré-peitoral, a distância pré-anal, a profundidade do corpo, comprimento da base da barbatana dorsal, comprimento da base da barbatana anal, raios da barbatana dorsal, raios da barbatana peitoral, raios da barbatana pélvica, raios da barbatana anal, brânquias inferiores, brânquias superiores, brânquias totais, estrias frontoparietais, vértebras e número de pontos negros, respetivamente. Estudos sobre biologia geral (Nair, 1961), taxonomia e descrição (Ramaiyan, 1977; Whitehead, 1985; Arockiamary, 2004; Fishbase, 2009), dinâmica populacional (Karunasinghe e Wijeyaratne, 1991), biologia (Conand 1991; Reuben *et al.*, 1992) e biologia da maturação e da desova (Veerappan *et al.*, 1997; Sathianandan, 1997).

Descrição

Este peixe tem um corpo oblongo e ligeiramente alongado. O ventre é fracamente quilhado. Os olhos estão fortemente cobertos por tecido adiposo, deixando uma fenda vertical na pupila. Cabeça moderada. Abertura branquial com duas protuberâncias carnudas. Dorso azul acastanhado escuro, prateado nos lados do ventre no espécime vivo, seta de 10-20 manchas arredondadas azuis escuras estendem-se ao longo da parte dorso-lateral do corpo, pontas da mandíbula escuras (Fig. 7). A análise estatística dos caracteres morfométricos e merísticos é apresentada na tabela 3. Comprimento padrão 13,2-16,7 cm, profundidade do corpo 2,9-3,4 cm, comprimento da cabeça 2,3-2,5 cm, diâmetro do olho 0,7-0,8 cm, comprimento da barbatana peitoral 1,7-2,3 cm, distância pré-dorsal 4,3-4,6 cm, distância pré-pélvica 4,9-5,1 cm e distância pré-anal 7,7-8,1 cm. Raios da barbatana dorsal 16-19, raios da barbatana peitoral 16-17, raios da barbatana pélvica 7, raios da barbatana anal 17-20 e brânquias inferiores 26-33.

Distribuição geográfica

Pacífico Indo-Oeste (costas de África; incluindo o Mar Vermelho e Madagáscar; para leste até às Filipinas; Taiwan; Okinawa; Nova Guiné; Fiji e costas setentrionais da Austrália); América; Bangladesh; Camboja; China; Comores; Jibuti; Egito; Eritreia; Hong Kong; Índia; Indonésia; Irão; Irão; Israel; Japão; Jordânia; Quénia; Maurícia; Micronésia; Moçambique; Myanmar; Nova Caledónia; Omã; Paquistão; Palau; Filipinas; Reunião; Samoa; Arábia Saudita; Seicheles; Singapura; Somália; Sri Lanka; Sudão; Tanzânia; Tailândia; Tonga; Tuvalu; Vietname e Iémen.

Tabela 5. Desvio padrão e erro padrão para caracteres morfométricos e merísticos de *Amblygaster sirm*

Parâmetros	Média	Erro Std.	Mediana	Modo	Desvio Std. Desvio
Comprimento total	17.685	0.194	18	19	1.816
Comprimento padrão	15.349	0.195	16	17	1.830
Comprimento da cabeça	3.853	0.050	4	4	0.467
Comprimento do focinho	1.290	0.019	1	1	0.176
Diâmetro do olho	1.103	0.016	1	1	0.147
Comprimento pós-orbital	1.192	0.021	1	1	0.196
Comprimento do maxilar superior	1.168	0.006	1	1	0.060
Comprimento do maxilar	0.826	0.013	1	1	0.123

inferior					
Distância pré-dorsal	5.144	0.134	5	4	1.260
Distância pré-pélvica	6.766	0.072	7	6	0.673
Distância pré-peitoral	3.610	0.040	4	4	0.374
Distância pré-anal	13.931	0.186	14	15	1.746
profundidade do corpo	3.836	0.040	4	4	0.375
comprimento da base da barbatana dorsal	1.986	0.010	2	2	0.090
Comprimento da base da barbatana anal	2.553	0.029	3	3	0.276
Raios da barbatana dorsal	17.523	0.128	17	19	1.203
Raios da barbatana peitoral	16.000	0.054	16	16	0.503
Raios da barbatana pélvica	7.000	0.000	7	7	0.000
Raios da barbatana anal	18.557	0.119	19	19	1.113
Brânquias inferiores	29.284	0.223	30	30	2.095
Brânquias superiores	53.489	0.390	54	55	3.658
Total de malhadores	82.773	0.428	83	82	4.019
Estrias frontoparietais	10.716	0.225	11	8	2.112
Vértebras	44.648	0.170	45	44	1.598
Número de pontos negros	16.955	0.360	17	15	3.380

Género *Anodontostoma* Bleeker, 1849

Os peixes são de tamanho pequeno ou moderado com o corpo mais profundo. O ventre é totalmente estriado. A boca é subterminal ou um pouco inferior com um maxilar superior fino. A segunda supramaxila é fendilhada e o maxilar inferior é curto. Os bordos do maxilar inferior são fortemente alargados para fora. Guelras branquiais, finas e numerosas. A última barbatana dorsal não é filamentosa. Barbatana anal muito mais curta do que a cabeça, com 17 a 25 finrays. As escamas pré-dorsais formam uma única série mediana e a margem posterior das escamas pós-dorsais é alongada. Escamas moderadamente grandes, com 38 a 45, dispostas em séries laterais. A presença de uma mancha escura atrás da abertura branquial é um importante carácter de identificação. Este estudo identificou uma única espécie, *Anodontostoma chacunda*.

Anodontostoma chacunda (Hamilton-Buchanan, 1822) (Fig. 8; Quadro 6)

Fig. 8. ***Anodontostoma chacunda***

Espécie-tipo

Holótipo : CAS/MBRC/784, 18 cm SL, Índia, costa leste, Nagapattinam, 10°45'7.98" N, 79°53'23.97" E; A. Arockiamary; julho, 2009.

Parátipo: CAS/MBRC/785, 19 cm SL, Índia, costa leste, Puducherry, 11°48'24.29" N, 79°48'1.42" E; A. Arockiamary; julho, 2009.

Diagnóstico

Um total de 42 espécimes desta espécie foram recolhidos em Puducherry, Parangipettai e Nagapattinam em 2008 e 2009. A presente descrição coincide bem com a descrição anterior desta espécie efectuada por Whitehead (1985). Os valores da média, do erro padrão, da meadiana, da moda e do desvio padrão relativos a 12 caracteres são apresentados no quadro 6. O erro padrão e o desvio padrão foram: 0,063 e 0,408; 0,063 e 0,408; 0,017 e 0,113; 0,017 e 0,113; 0,056 e 0,363; 0,042 e 0,271; 0,034 e 0,223; 0,132 e 0,855; 0,078 e 0,506; 0,078 e 0,506; 1,254 e 8,130; 0,132 e 0.854, para o comprimento padrão, profundidade do corpo, comprimento da cabeça, diâmetro do olho, comprimento da barbatana peitoral, distância pré-dorsal, distância pré-pélvica, raios da barbatana dorsal, raios da barbatana anal, raios da barbatana peitoral, brânquias inferiores e escamas, respetivamente. Estudos sobre os ovos e as larvas (Delsman, 1933), taxonomia e descrição (Ramaiyan, 1975; Whitehead, 1985; Fishbase, 2009).

Descrição

Corpo muito profundo, a profundidade aumenta com o tamanho do peixe, perfil ventral convexo. A parte anal começa atrás da dorsal. A parte ventral nasce abaixo da dorsal. Dorso escuro, parte superior dos flancos e cabeça amarelo-dourado, prateado lateral e ventralmente, barbatanas dorsal e caudal amarelas, orladas de preto no espécime vivo. Uma mancha preta estava presente no ombro (Fig.8). A análise estatística dos caracteres morfométricos e merísticos é apresentada na tabela 4. Comprimento padrão 17,9-19,2 cm, profundidade do corpo 6,9-8,2 cm, comprimento da cabeça 5,0-5,3 cm, diâmetro do olho 0,8-1,1 cm, comprimento da barbatana peitoral 2,4-3,5 cm, distância pré-dorsal 8,8-9,6 cm e distância pré-pélvica 9,19,8 cm. Raios da barbatana dorsal 18-20, raios da barbatana peitoral 16-17, raios da barbatana anal 19-20, brânquias inferiores 62-88 e escamas totais 24-26.

Distribuição geográfica

Golfo Pérsico, Índia, Paquistão, Arquipélago Indo-Malaio, Tailândia, Filipinas, Austrália, Barém, Bangladesh, Camboja, China, Indonésia, Irão, Iraque, Kuwait, Malásia, Myanmar, Nova Caledónia, Omã, Qatar, Arábia Saudita, Singapura, Sri Lanka, Tailândia e Vietname.

Tabela 6. Desvio padrão e erro padrão para caracteres morfométricos e merísticos de *Anodontostoma chacunda*

Parâmetros	Média	Erro Std.	Mediana	Modo	Desvio Std. Desvio
Comprimento padrão	18.550	0.063	19	18	0.408
Profundidade do corpo	7.550	0.063	8	7	0.408
Comprimento da cabeça	5.157	0.017	5	5	0.113
Diâmetro do olho	0.957	0.017	1	1	0.113
Comprimento da barbatana peitoral	2.886	0.056	3	2	0.363
Distância pré-dorsal	9.200	0.042	9	9	0.271
Distância pré-pélvica	9.486	0.034	10	9	0.223
Raios da barbatana dorsal	19.000	0.132	19	18	0.855
Raios da barbatana anal	19.500	0.078	20	19	0.506
Raios da barbatana peitoral	16.500	0.078	17	16	0.506
Brânquias inferiores	75.357	1.254	76	62	8.130
Escudos	25.048	0.132	25	26	0.854

Género *Brevoortia* Gill, 1861

Os peixes são moderadamente grandes, com o corpo profundo e comprimido. O ventre é totalmente quilhado com escamas. A cabeça é maior, com a cobertura branquial e a boca alargadas. O maxilar superior é nitidamente entalhado na linha média. A extremidade do maxilar inferior foi encaixada neste entalhe. As brânquias são longas e numerosas, aumentando com o tamanho do peixe. As barbatanas dorsal e anal são curtas e os raios da barbatana pélvica são em número de 6. Distingue-se de todas as outras tonalidades pelas escamas pré-dorsais modificadas de cada lado da linha mediana.

Brevoortia patronus (Goode, 1878) (Fig. 9; Quadro 7)

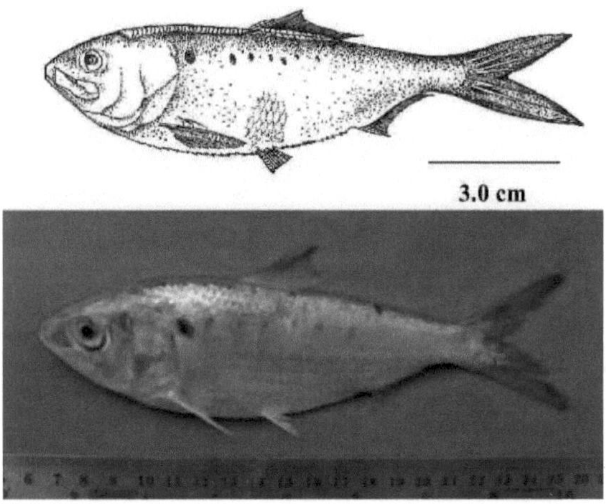

Fig. 9. ***Brevoortia patronus***

Espécie-tipo

Holótipo : CAS/MBRC/235, 16 cm SL, Índia, costa leste, Nagapattinam, 10°45'7.98" N, 79°53'23.97" E; A. Arockiamary; fevereiro, 2008.

***Parátipo*:** CAS/MBRC/407, 17 cm SL, Índia, costa leste, Puducherry, 11°48'24.29" N, 79°48'1.42" E; A. Arockiamary; agosto, 2008.

Diagnóstico

Um total de 27 exemplares desta espécie foram recolhidos em Puducherry, Parangipettai e Nagapattinam em 2008 e 2009. Os espécimes concordam bem com a descrição anterior de Whitehead (1985) e Fishbase (2009). Esta espécie foi identificada e confirmada por V. Ramaiyan, antigo professor e diretor de biologia pesqueira CAS em Biologia Marinha, Universidade de Annamalai, Parangipettai, Índia. Os valores da média, do erro padrão, da meadiana, da moda e do desvio padrão relativos a 13 caracteres são apresentados no quadro 7. O erro padrão e o desvio padrão foram: 0,089 e 0,465; 0,057 e 0,297; 0,081 e 0,420; 0,026 e 0,133; 0,047 e 0,243; 0,049 e 0,254; 0,087 e 0,450; 0,154 e 0,801; 0,172 e 0,892; 0,000 e 0,000; 0,000 e 0,000; 0,518 e 2,690; 0,154 e 0.801, para o comprimento padrão, profundidade do corpo, comprimento da cabeça, diâmetro do olho, comprimento da barbatana peitoral, distância pré-dorsal, distância pré-pélvica, raios da barbatana dorsal, raios da barbatana anal, raios da barbatana peitoral, raios da barbatana pélvica, brânquias e escamas, respetivamente. Esta espécie é registada pela primeira vez em águas indianas. Estudos sobre a taxonomia e descrição (Whitehead, 1985; Fishbase, 2009) e distribuição e segregação (Castillo e Kobelkowsky, 2000).

Descrição

Corpo profundo e comprimido, foram observadas 27-29 escamas abdominais. Barbatana pélvica com margem posterior arredondada. Foi observada uma mancha negra atrás da abertura branquial, seguida de uma série de manchas ao longo do flanco. Maxilar superior entalhado e escamas pré-dorsais modificadas. Cinzento-esverdeado no dorso e branco-prateado nos flancos (Fig. 9). A análise estatística dos caracteres morfométricos e merísticos é apresentada na tabela 5. Profundidade do corpo 6,0-6,9 cm, comprimento da cabeça 4,5-5,8 cm, diâmetro do olho 0,9-1,3 cm comprimento da barbatana peitoral 1,7-2,3 cm, distância pré-dorsal 7,4-8,1 cm e distância pré-pélvica 7,5-8,9 cm. Raios da barbatana dorsal 14-16, raios da barbatana anal 16-18, raios da barbatana peitoral 13, raios da barbatana pélvica 8 e brânquias 175-183.

Distribuição geográfica

México, EUA e costa sudeste da Índia - com base no presente estudo.

Tabela 7. Desvio-padrão e erro-padrão para caracteres morfométricos e merísticos de *Brevoortia patronus*

Parâmetros	Média	Erro Std.	Mediana	Modo	Desvio Std. Desvio
Comprimento padrão	16.470	0.089	17	16	0.465
Profundidade do corpo	6.478	0.057	7	6	0.297
Comprimento da cabeça	5.067	0.081	5	5	0.420
Diâmetro do olho	1.037	0.026	1	1	0.133
Comprimento da barbatana peitoral	2.096	0.047	2	2	0.243
Distância pré-dorsal	7.770	0.049	8	8	0.254
Distância pré-pélvica	8.185	0.087	8	8	0.450
Raios da barbatana dorsal	14.778	0.154	15	14	0.801
Raios da barbatana anal	16.889	0.172	17	16	0.892
Raios da barbatana peitoral	13.000	0.000	13	13	0.000
Raios da barbatana pélvica	8.000	0.000	8	8	0.000
Desfolhadores	179.815	0.518	180	183	2.690
Escudos	28.444	0.154	29	29	0.801

Brevoortia pectinata (Jenyns, 1842) (Fig. 10; Quadro 8)

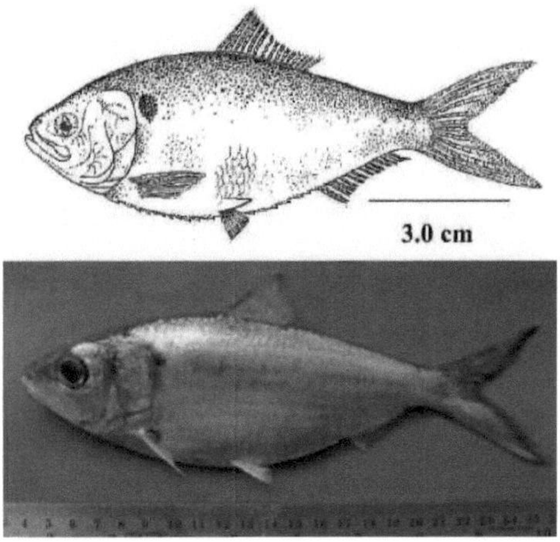

Fig. 10. ***Brevoortia pectinata***

Espécie-tipo

Holótipo : CAS/MBRC/397, 15 cm SL, Índia, costa leste, Parangipettai, 11°29'10.29 "N, 79°47'40.47 "E; A. Arockiamary; julho, 2008.

Parátipo: CAS/MBRC/398, 16 cm SL, Índia, costa leste, Nagapattinam, 10°45'7.98" N, 79°53'23.97 "E; A. Arockiamary; julho, 2008.

Diagnóstico

Um total de 29 espécimes desta espécie foram recolhidos em Puducherry, Parangipettai e Nagapattinam em 2008 e 2009. Os materiais examinados confirmam bem a descrição anterior efectuada por Whitehead (1985) e Fishbase (2009). Esta espécie foi identificada e confirmada por V. Ramaiyan, antigo professor e diretor de biologia das pescas CAS em Biologia Marinha, Universidade de Annamalai, Parangipettai, Índia. Os valores da média, do erro padrão, da meadiana, da moda e do desvio padrão relativos a 13 caracteres são apresentados no quadro 8. O erro padrão e o desvio padrão foram: 0,087 e 0,469; 0,050 e 0,267; 0,050 e 0,267; 0,024 e 0,129; 0,032 e 0,174; 0,042 e 0,225; 0,079 e 0,424; 0,240 e 1,291; 0,210 e 1,131; 0,000 e 0,000; 0,000 e 0,000; 1,257 e 6,767; 0,183 e 0.988, para o comprimento padrão, profundidade do corpo, comprimento da cabeça, diâmetro dos olhos, comprimento da barbatana peitoral, distância pré-dorsal, distância pré-pélvica, raios da barbatana dorsal, raios da barbatana anal, raios da barbatana peitoral, raios da barbatana pélvica, brânquias inferiores e escamas, respetivamente. Esta espécie é registada pela primeira vez em águas indianas. Estudos sobre a taxonomia e descrição (Whitehead, 1985; Fishbase, 2009), e morfologia (Reis e Pawson, 1999).

Descrição

Maxilar superior entalhado e escamas pré-dorsais modificadas. Corpo profundo e comprimido, 2326 escamas abdominais presentes. A barbatana pélvica era muito curta. Uma mancha preta estava presente atrás da abertura branquial (Fig. 10). A análise estatística dos caracteres morfométricos e merísticos é apresentada no quadro 6. Profundidade do corpo 5,7-6,6 cm, comprimento da cabeça 4,3-5,2 cm, diâmetro do olho 0,8-1,2 cm, comprimento da barbatana peitoral 1,5-2,1 cm, distância pré-dorsal 6,8-7,6 cm e distância pré-pélvica 7,0-8,4 cm. Raios da barbatana dorsal 14-18, raios da barbatana peitoral 13, raios da barbatana pélvica 8 e raios da barbatana anal 1519 e brânquias inferiores 169-192.

Distribuição geográfica

Argentina, Brasil, Uruguai e costa sudeste da Índia no presente estudo.

Tabela 8. Desvio padrão e erro padrão para caracteres morfométricos e merísticos de *Brevoortia pectinata*

Parâmetros	Média	Erro Std.	Mediana	Modo	Desvio Std. Desvio
Comprimento padrão	15.997	0.087	16	16	0.469
Profundidade do corpo	6.176	0.050	6	6	0.267
Comprimento da cabeça	4.776	0.050	5	5	0.267
Diâmetro do olho	1.010	0.024	1	1	0.129
Comprimento da barbatana peitoral	1.859	0.032	2	2	0.174
Distância pré-dorsal	7.169	0.042	7	7	0.225
Distância pré-pélvica	7.769	0.079	8	7	0.424
Raios da barbatana dorsal	15.897	0.240	16	15	1.291
Raios da barbatana anal	17.276	0.210	17	17	1.131
Raios da barbatana peitoral	13.000	0.000	13	13	0.000
Raios da barbatana pélvica	8.000	0.000	8	8	0.000
Brânquias inferiores	181.000	1.257	182	174	6.767
Escudos	24.759	0.183	25	25	0.988

Género *Dussumieria* Valenciennes, 1847

Os peixes de tamanho pequeno ou moderado distinguem-se imediatamente de todos os outros clupeídeos pela ausência de escamas abdominais. A ausência de escamas abdominais é um dos principais caracteres de identificação nos géneros *Dussumieria* e *Spratelloides*. A contagem de branquistegiais foi um carácter importante para a identificação entre estes dois géneros *Dussumieria* e *Spratelloides*. Os raios branquiais são numerosos e variaram entre 11 e 18 em *Dussumieria* e 6 ou 7 em *Spratelloides*. Para além disso, entre as barbatanas pélvicas está inserida uma escama em forma de W. A pré-maxila tem uma forma retangular. As barbatanas pélvicas estão inseridas sob a base da barbatana dorsal. Barbatana anal com 14 a 18 raios. Istmo apontado para a frente. Durante o presente estudo,*foram* registadas *Dussumieria acuta* e *Dussumieria elopsoides*. Durante o presente estudo, foram registadas *Dussumieria acuta* e *Dussumieria elopsoides. Destas, Dussumieria acuta* foi observada como muito comum em todas as zonas de estudo, enquanto *Dussumieria elopsoides* foi registada pela primeira vez nas águas de Parangipettai. No entanto, *Dussumieria acuta* e *Dussumieria elopsoides* eram muito semelhantes na maioria dos caracteres morfométricos e merísticos, exceto na forma do corpo. A forma e a cor do corpo dos Clupeiformes são um dos caracteres úteis para distinguir espécies de peixes muito próximas durante a sobreposição dos caracteres morfológicos entre espécies do mesmo género (Ramaiyan, 1977).

Dussumieria acuta (Valenciennes, 1847) (Fig. 11; Quadro 9)

Fig. 11. ***Dussumieria acuta***

Espécie-tipo

Holótipo : CAS/MBRC/918, 16,5 cm SL, Índia, costa leste, Puducherry, 11°48'24.29" N, 79°48'1.42" E; A. Arockiamary; outubro, 2009.

Parátipo: CAS/MBRC/919, 19 cm SL, Índia, costa leste, Nagapattinam, 10°45'7.98" N, 79°53'23.97 "E; A. Arockiamary; outubro, 2009.

Diagnóstico

Um total de 36 espécimes desta espécie foram recolhidos em Puducherry, Parangipettai e

Nagapattinam em 2008 e 2009. Os espécimes concordam bem com a descrição anterior (Ramaiyan, 1977). Os valores da média, do erro padrão, da meadiana, da moda e do desvio padrão relativos a 12 caracteres são apresentados no quadro 9. O erro padrão e o desvio padrão foram: 0,134 e 0,803; 0,039 e 0,236; 0,014 e 0,083; 0,054 e 0,324; 0,049 e 0,294; 0,062 e 0,370; 0,025 e 0,147; 0,171 e 1,028; 0,289 e 1,732; 0,084 e 0,504; 0,085 e 0,507; 0,273 e 1.636 para o comprimento padrão, comprimento da cabeça, diâmetro dos olhos, comprimento da barbatana peitoral, distância pré-dorsal, distância pré-pélvica, profundidade do corpo, raios branquiais, raios da barbatana dorsal, raios da barbatana peitoral, raios da barbatana anal e brânquias inferiores, respetivamente. Estudos sobre taxonomia e descrições (Whitehead, 1965; Ramaiyan, 1977; Arockiamary, 2004; Fishbase, 2009), gordura (Sekharan *et al*, 1969), intestino (Harder, 1958), tolerância das larvas à temperatura (Kuthalingam, 1959), reprodução (Dharmamba, 1960), hábitos alimentares (Kuthalingam, 1961), relação comprimento-peso (Abdurahiman *et al.*, 2004), identificação da população (Rajaram, 1986) e hábitos alimentares (Asriyana *et al.*, 2010).

Descrição

Corpo subcilíndrico e ventre arredondado. Boca pontiaguda e maxilares iguais. As escamas são finas e caducas. A barbatana ventral nasce abaixo da barbatana dorsal e a barbatana anal atrás da barbatana dorsal. A parte posterior das escamas é marcada por numerosas estrias radiantes minúsculas. A cor do corpo é verde-azul escuro com uma banda iridescente ao longo dos lados (Fig. 11). A análise estatística dos caracteres morfométricos e merísticos é apresentada no quadro 7. Comprimento padrão 16,5-19,2 cm, profundidade do corpo 3,9-4,3 cm, comprimento da cabeça 3,5-4,2 cm, diâmetro do olho 0,8-1 cm, comprimento da barbatana peitoral 1,1-2,1 cm, distância pré-dorsal 9,2-10,1 cm, distância pré-pélvica 11,5-12,3 cm. Raios da barbatana dorsal 16-21, raios da barbatana anal 15 -16, raios da barbatana peitoral 13-14, brânquias inferiores 20-25 e raios branquiais 12-15.

Distribuição geográfica

Madagáscar, costas da África Oriental, Mediterrâneo Oriental, Mar Vermelho, Golfo Pérsico, Índia, Arquipélago Indo-Malaio, Hong Kong, Austrália, Barém, Bangladesh, Brunei Darsm, China, Indonésia, Irão, Iraque, Israel, Japão, Kuwait, Líbano, Maldivas, Myanmar, Nova Caledónia, Omã, Paquistão, Filipinas, Qatar, Arábia Saudita, Somália, Sri Lanka, Taiwan, Tailândia, Turquia, Vietname e Iémen.

Tabela 9. Desvio padrão e erro padrão para caracteres morfométricos e merísticos de *Dussumieria acuta*

Parâmetros	Média	Erro Std.	Mediana	Modo	Desvio Std. Desvio
Comprimento padrão	17.803	0.134	18	19	0.803
Comprimento da cabeça	3.819	0.039	4	4	0.236
Diâmetro do olho	0.900	0.014	1	1	0.083

Comprimento da barbatana peitoral	1.628	0.054	2	1	0.324
Distância pré-dorsal	9.611	0.049	10	10	0.294
Distância pré-pélvica	11.772	0.062	12	12	0.370
Profundidade do corpo	4.100	0.025	4	4	0.147
Raios branquiais	13.167	0.171	13	12	1.028
Raios da barbatana dorsal	18.500	0.289	19	16	1.732
Raios da barbatana peitoral	13.556	0.084	14	14	0.504
Raios da barbatana anal	15.500	0.085	16	15	0.507
Brânquias inferiores	22.194	0.273	22	22	1.636

Dussumieria elopsoides (Bleeker, 1849) (Fig. 12; Quadro 10)

Fig. 12. *Dussumieria elopsoides*

<u>Espécie-tipo</u>

Holótipo : CAS/MBRC/250, 17 cm SL, Índia, costa leste, Puducherry, 11°48'24.29" N, 79°48'1.42" E; A. Arockiamary; março, 2008.

Parátipo: CAS/MBRC/251, 23 cm SL, Índia, costa leste, Parangipettai, 11°29'10.29 "N, 79°47'40.47 "E; A. Arockiamary; março, 2008.

<u>Diagnóstico</u>

Um total de 42 espécimes desta espécie foram recolhidos em Puducherry, Parangipettai e Nagapattinam em 2008 e 2009. Esta espécie está amplamente distribuída ao longo da área de estudo; no entanto, é registada pela primeira vez nas águas de Parangipettai. Os espécimes concordam bem com a descrição anterior (Whitehead, 1985), com exceção de ligeiras variações na medição da morfometria. Os valores da média, do erro padrão, da meadiana, da moda e do desvio padrão relativos a 13 caracteres são apresentados no quadro 10. O erro padrão e o desvio padrão foram: 0,321 e 2,078; 0,048 e 0,312; 0,013 e 0,086; 0,048 e 0,312; 0,066 e 0,426; 0,052 e 0,338; 0,013 e 0,086; 0,174 e 1,126; 0,133 e 0,862; 0,000 e 0,000; 0,078 e 0,506; 0,134 e 0,869;

0,421 e 2.728, para o comprimento padrão, comprimento da cabeça, diâmetro dos olhos, comprimento da barbatana peitoral, distância pré-dorsal, distância pré-pélvica, profundidade do corpo, raios branquiais, raios da barbatana dorsal, raios da barbatana pélvica, raios da barbatana peitoral, raios da barbatana anal e brânquias inferiores, respetivamente. Estudos sobre os hábitos alimentares (Kuthalingam, 1961), a gordura (Sekharan, 1949), o intestino (Harder, 1958), a tolerância das larvas à temperatura (Kuthalingam, 1959), a reprodução (Dharmamba, 1960) e a taxonomia e descrições (Whitehead, 1965; Ramaiyan, 1977; e Fishbase, 2009).

Descrição

Corpo subcilíndrico e ventre arredondado. Boca pontiaguda e maxilares iguais. A origem da barbatana ventral foi abaixo da dorsal e a anal atrás da dorsal. As escamas são finas e caducas. A parte posterior das escamas é marcada por numerosas estrias radiantes minúsculas. A cor do corpo é verde-azulada escura com uma banda iridescente ao longo dos lados (Fig. 12). A análise estatística dos caracteres morfométricos e merísticos é apresentada no quadro 8. Comprimento padrão 16,5-23,5 cm, profundidade do corpo 3,8-4 cm, comprimento da cabeça 4,2-5,1 cm, diâmetro do olho 0,9-1,1 cm, comprimento da barbatana peitoral 1,5-2,4 cm, distância pré-dorsal 9,4-10,8 cm e distância pré-pélvica 10,3-11,4 cm. Raios da barbatana dorsal 18-20, raios da barbatana anal 14-16, raios da barbatana peitoral 13-14, raios da barbatana pélvica 8, brânquias inferiores 21-30 e raios branquiais 13-17.

Distribuição geográfica

Madagáscar; costas da África Oriental; Mediterrâneo Oriental; Mar Vermelho; Golfo Pérsico; Índia; Sri Lanka; Arquipélago Indo-Malaio; Hong Kong; Barém; Bangladesh; Camboja; China; Chipre; Egito; Eritreia; Indonésia; Irão; Iraque; Israel; Japão; Jordânia; Quénia; Kuwait; Líbano; Maldivas; Ilha Marshall; Myanmar; Omã; Paquistão; Palau; Filipinas; Qatar; Arábia Saudita; Singapura; Ilha Salomão; Somália; Sudão; Síria; Taiwan; Tailândia; Tonga; Turquia; Vietname e Iémen.

Tabela 10. Desvio padrão e erro padrão para caracteres morfométricos e merísticos de *Dussumieria elopsoides*

Parâmetros	Média	Erro Std.	Mediana	Modo	Desvio Std. Desvio
Comprimento padrão	19.190	0.321	19	17	2.078
Comprimento da cabeça	4.543	0.048	5	4	0.312
Diâmetro do olho	0.981	0.013	1	1	0.086
Comprimento da barbatana peitoral	1.843	0.048	2	2	0.312
Distância pré-dorsal	10.071	0.066	10	10	0.426
Distância pré-pélvica	10.824	0.052	11	11	0.338

Profundidade do corpo	3.881	0.013	4	4	0.086
Raios branquiais	15.000	0.174	15	15	1.126
Raios da barbatana dorsal	18.810	0.133	19	18	0.862
Raios da barbatana pélvica	8.000	0.000	8	8	0.000
Raios da barbatana peitoral	13.500	0.078	14	13	0.506
Raios da barbatana anal	15.024	0.134	15	16	0.869
Brânquias inferiores	24.214	0.421	23	22	2.728

Género *Escualosa* Whitley, 1940

Os peixes são pequenos e assemelham-se a juvenis *de Sardinella.* O corpo é fortemente comprimido com o ventre em quilha. A margem posterior da abertura branquial é arredondada com duas protuberâncias carnudas. A ponta da maxila e a segunda supra-maxila são alargadas com uma forma retangular. Uma risca prateada brilhante está presente ao longo do flanco. A barbatana pélvica tem 6 raios. A barbatana anal é curta. Durante o período de estudo, distinguiram-se duas espécies: *Escualosa thoracata* e *Escualosa elongata.*

Escualosa elongata (Wongratana, 1983) (Fig. 13; Quadro 11)

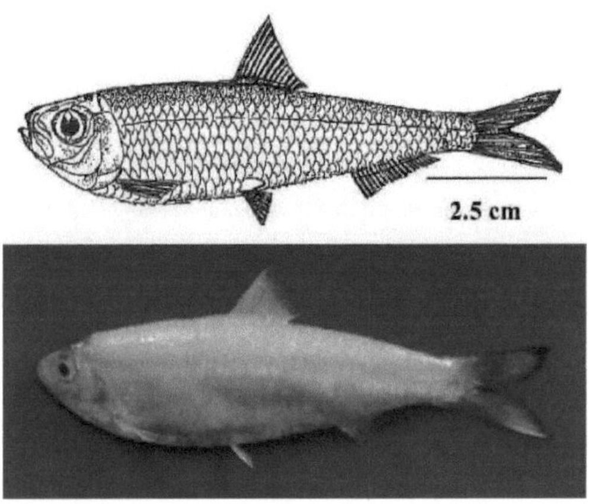

Fig. 13. ***Escualosa elongata***

Espécie-tipo

Holótipo : CAS/MBRC/463, 7,2 cm SL, Índia, costa leste, Nagapattinam, 10°45'7.98" N, 79°53'23.97 "E; A. Arockiamary; setembro, 2008.

Parátipo: CAS/MBRC/701, 8 cm SL, Índia, costa leste, Puducherry, 11°48'24.29" N, 79°48'1.42" E; A. Arockiamary; maio, 2009.

Diagnóstico

Um total de 42 espécimes desta espécie foram recolhidos em Puducherry, Parangipettai e Nagapattinam em 2008 e 2009. As descrições dos espécimes estão de acordo com a descrição anterior dada por Whitehead (1985) e Fishbase (2009). Esta espécie foi identificada e confirmada por V. Ramaiyan, antigo professor e diretor de biologia pesqueira CAS em Biologia Marinha, Universidade de Annamalai, Parangipettai, Índia. A média, o erro padrão, a média, a moda e o desvio padrão relativos a 15 caracteres são apresentados no quadro 11. O erro padrão e o desvio padrão foram: 0,069 e 0,449; 0,021 e 0,134; 0,022 e 0,142; 0,013 e 0,084; 0,021 e 0,136; 0,021 e 0,133; 0,019 e 0,125; 0.148 e 0,962; 0,222 e 1,438; 0,130 e 0,843; 0,000 e 0,000; 0,075 e 0,485; 0,000 e 0,000; 0,069 e 0,485; 0,168 e 1.088, para o comprimento padrão, profundidade do corpo, comprimento da cabeça, diâmetro dos olhos, comprimento da barbatana peitoral, distância pré-dorsal, distância pré-pélvica, raios da barbatana dorsal, raios da barbatana anal, raios da barbatana peitoral, raios da barbatana pélvica, escudos pré-pélvicos, escudos pós-pélvicos, escudos totais e brânquias inferiores, respetivamente. Esta espécie é registada pela primeira vez em águas indianas. Estudos sobre a taxonomia e a descrição (Whitehead, 1985; Fishbase, 2009).

Descrição

O principal carácter distintivo foi o corpo mais esguio e estreito (Fig. 13). A análise estatística dos caracteres morfométricos e merísticos é apresentada no quadro 9. Comprimento padrão 7,0-8,5 cm, profundidade do corpo 2,8-3,2 cm, diâmetro do olho 0,3-0,5 cm, distância pré-dorsal 4,14,5 cm, distância pré-pélvica 4,2-4,6 cm, raios moles dorsais 15-18, raios moles anais 14-18, raios da barbatana peitoral 12-14, raios da barbatana pélvica 6, escudos pré-pélvicos 17-18, escudos pós-pélvicos 10, escudos totais 2728 e brânquias inferiores 30-33.

Distribuição geográfica

Camboja; Tailândia; Vietname e costa sudeste da Índia na presente observação.

Tabela 11. Desvio padrão e erro padrão para caracteres morfométricos e merísticos de *Escualosa elongata*

Parâmetros	Média	Erro Std.	Mediana	Modo	Desvio Std. Desvio
Comprimento padrão	7.831	0.069	8	8	0.449
Profundidade do corpo	3.021	0.021	3	3	0.134
Comprimento da cabeça	1.812	0.022	2	2	0.142
Diâmetro do olho	0.414	0.013	0	1	0.084
Comprimento da barbatana peitoral	1.710	0.021	2	2	0.136
Distância pré-dorsal	4.293	0.021	4	4	0.133
Distância pré-pélvica	4.450	0.019	5	5	0.125
Raios da barbatana dorsal	16.381	0.148	16	16	0.962

Raios da barbatana anal	16.071	0.222	16	17	1.438
Raios da barbatana peitoral	13.143	0.130	13	14	0.843
Raios da barbatana pélvica	6.000	0.000	6	6	0.000
Escudos pré-pélvicos	17.357	0.075	17	17	0.485
Escudos pós-pélvicos	10.000	0.000	10	10	0.000
Total de escudos	27.357	0.075	27	27	0.485
Brânquias inferiores	31.500	0.168	32	32	1.088

Escualosa thoracata (Valenciennes, 1847) (Fig. 14; Quadro 12)

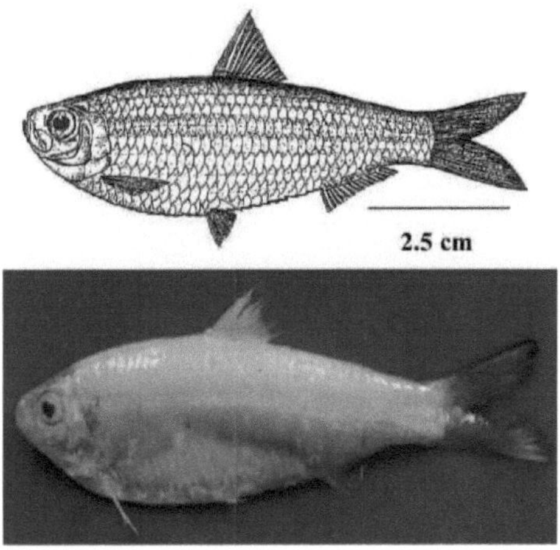

Fig. 14. ***Escualosa thoracata***

Espécie-tipo

Holótipo : CAS/MBRC/221, 7,3 cm SL, Índia, costa leste, Nagapattinam, 10°45'7.98" N, 79°53'23.97 "E; A. Arockiamary; fevereiro, 2008.

***Parátipo*:** CAS/MBRC/222, 8 cm SL, Índia, costa leste, Parangipettai, 11°29'10.29 "N, 79°47'40.47 "E; A. Arockiamary; fevereiro, 2008.

Diagnóstico

Um total de 36 espécimes desta espécie foram recolhidos em Puducherry, Parangipettai e Nagapattinam em 2008 e 2009. Os espécimes actuais concordam bem com a descrição anterior dada por Whitehead (1985). Os valores da média, do erro padrão, da meadiana, da moda e do desvio padrão relativos a 14 caracteres são apresentados no quadro 12. O erro padrão e o desvio padrão foram: 0,066 e 0,394; 0,014 e 0,081; 0,024 e 0,142; 0,012 e 0,072; 0,024 e 0,142; 0,018 e 0,111; 0,022 e 0,134; 0,168 e 1,009; 0,180 e 1,082; 0,174 e 1,046; 0,000 e 0,000; 0,083 e 0,500; 0,148 e 0,887; 0,225 e 1.348, para o comprimento padrão, profundidade do corpo, comprimento da cabeça, diâmetro do olho, comprimento da barbatana peitoral, distância pré-dorsal, distância pré-pélvica, raios da barbatana dorsal, raios da barbatana anal, raios da barbatana peitoral, raios da barbatana pélvica, escudos pré-pélvicos, escudos pós-pélvicos e escudos totais, respetivamente. Estudos sobre os ovos e larvas (Delsman, 1933), taxonomia e descrição (Ramaiyan, 1975; Whitehead, 1985; Arockiamary, 2004; Fishbase, 2009), lista de controlo dos peixes de Parangipettai (Ramaiyan *et al.*, 1986-87), comparação biométrica (Dutt e Seshagiri Rao, 1981) e pesca e biologia (Raja *et al.*, 1994).

Descrição

Corpo fusiforme, moderadamente profundo, comprimido; ventre com uma quilha distinta de escamas. Boca pequena, segunda supra-maxila retangular. Abertura branquial suavemente arredondada. Barbatana dorsal aproximadamente a meio do corpo, barbatana pélvica abaixo da origem da barbatana dorsal; barbatana anal curta, com origem atrás da base da barbatana dorsal. Dorso cinzento-claro, uma linha dupla de pigmentação ao longo do dorso, desde a cabeça até à base da barbatana caudal; flancos com uma banda prateada mais larga, ventre pálido (Fig. 14). A análise estatística dos caracteres morfométricos e merísticos é apresentada no quadro 10. Comprimento padrão 7,3-8,5 cm, profundidade do corpo 3,1-3,3 cm, comprimento da cabeça 1,8-2,2 cm, diâmetro do olho 0,4-0,6 cm, comprimento da barbatana peitoral 1,5-1,9 cm, distância pré-dorsal 4,3-4,6 cm, distância pré-pélvica 4,4-4,8 cm, distância pré-anal 5,9-6,4 cm. Raios da barbatana dorsal 15-18, raios da barbatana peitoral 11-14, raios da barbatana pélvica 6, raios da barbatana anal 14-17, brânquias inferiores 29-33, escudos pré-pélvicos 17-18, escudos pós-pélvicos 10-12 e escudos totais 27-30.

Distribuição geográfica

Norte do oceano Índico; Indonésia (mar de Java); Filipinas para sul até à Papuásia-Nova Guiné; Austrália; Bangladesh; China Continental; Malásia; Myanmar, Omã; Paquistão; Singapura; Sri Lanka; Tailândia e Vietname.

Tabela 12. Desvio padrão e erro padrão para caracteres morfométricos e merísticos de *Escualosa thoracata*

Parâmetros	Média	Erro Std.	Mediana	Modo	Desvio Std. Desvio
Comprimento padrão	7.892	0.066	8	7	0.394
Profundidade do corpo	3.217	0.014	3	3	0.081
Comprimento da cabeça	2.017	0.024	2	2	0.142
Diâmetro do olho	0.500	0.012	1	1	0.072
Comprimento da barbatana peitoral	1.683	0.024	2	2	0.142
Distância pré-dorsal	4.475	0.018	5	5	0.111

Distância pré-pélvica	4.608	0.022	5	5	0.134
Raios da barbatana dorsal	16.194	0.168	16	15	1.009
Raios da barbatana anal	15.528	0.180	15	15	1.082
Raios da barbatana peitoral	12.361	0.174	12	12	1.046
Raios da barbatana pélvica	6.000	0.000	6	6	0.000
Escudos pré-pélvicos	17.417	0.083	17	17	0.500
Escudos pós-pélvicos	10.889	0.148	11	10	0.887
Total de escudos	28.306	0.225	28	27	1.348

Género *Ethmalosa* Regan, 1917

O peixe incluído no género *Ethmalosa* era de tamanho moderado, com corpo profundo e comprimido. O ventre é quilhado com escamas. Este peixe tem um maxilar superior com um entalhe meadiano distinto. As brânquias são longas e numerosas. As brânquias superiores do primeiro arco não se sobrepõem às brânquias inferiores no ângulo do arco. As brânquias superiores são fortemente curvadas e em forma de V. As barbatanas anais inserem-se longitudinalmente bem atrás da base da barbatana dorsal. Foi identificada uma única espécie (*Ethmalosa fimbriata*) durante o período de estudo.

Ethmalosa fimbriata (Bowdich, 1825) (Fig. 15; Quadro 13)

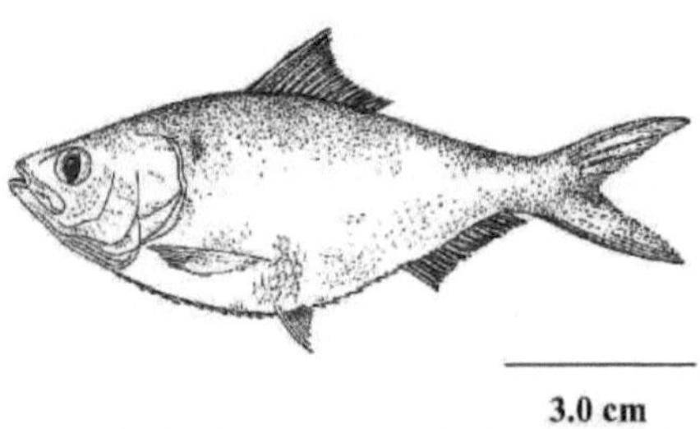

Fig. 15. *Ethmalosa fimbriata*

Espécie-tipo

Holótipo : CAS/MBRC/471, 12,5 cm SL, Índia, costa leste, Parangipettai, 11°29'10.29 "N, 79°47'40.47 "E; A. Arockiamary; outubro, 2008.

Parátipo: CAS/MBRC/492, 22,6 cm SL, Índia, costa leste, Nagapattinam, 10°45'7.98" N, 79°53'23.97 "E; A. Arockiamary; novembro, 2008.

Diagnóstico

Um total de 36 espécimes desta espécie foram recolhidos em Puducherry, Parangipettai e Nagapattinam em 2008 e 2009. A presente descrição coincide bem com a descrição anterior efectuada por Whitehead (1985). Esta espécie foi identificada e confirmada por V. Ramaiyan, antigo professor e diretor de biologia das pescas CAS em Biologia Marinha, Universidade de Annamalai, Parangipettai, Índia. Os valores da média, do erro padrão, da média, da moda e do desvio padrão relativos a 12 caracteres são apresentados no quadro 13. O erro padrão e o desvio padrão foram: 0,609 e 3,653; 0,120 e 0,721; 0,134 e 0,802; 0,008 e 0,051; 0,039 e 0,232; 0,085 e 0,511; 0,135 e 0,808; 0,138 e 0,828; 0,085 e 0,507; 0,000 e 0,000; 0,000 e 0,000; 0,607 e 3.644, para o comprimento padrão, profundidade do corpo, comprimento da cabeça, diâmetro dos olhos, comprimento da barbatana peitoral, distância predorsal, distância pré-pélvica, raios da barbatana dorsal, raios da barbatana anal, raios da barbatana peitoral, raios da barbatana pélvica e brânquias inferiores, respetivamente. Esta espécie é registada pela primeira vez em águas indianas. Estudos sobre a taxonomia e a descrição (Whitehead, 1985; Fishbase, 2009), a dinâmica da população explorada (Abasi *et al.*, 2004), a estrutura da população (Durand *et al.*, 2005), a acumulação de metais pesados nos tecidos (Monday e Benson, 2007), a morfologia e a relação comprimento-peso (Abowei, 2009) e a taxa de captura de juvenis (Sheriff *et al.*, 2010).

Descrição

Corpo profundo e comprimido lateralmente. Escamas presentes ao longo do ventre. Brânquias inferiores longas, finas e numerosas, cerca de 3 vezes mais longas do que os filamentos branquiais. Brânquias superiores curvadas acentuadamente para cima, em forma de V. A barbatana anal estava posicionada bem atrás da base da barbatana dorsal. Escamas aderentes, com a margem posterior denticulada. Maxilar superior com um entalhe mediano distinto. Raios da barbatana pélvica 7. Mancha escura ténue atrás da cobertura branquial. Cinzento azulado na parte dorsal do corpo e flancos prateados. Uma mancha escura ténue atrás da cobertura branquial, ponta da barbatana dorsal preta, barbatana caudal cromada profunda (Fig. 15). A análise estatística dos caracteres morfométricos e merísticos é apresentada no quadro 11. Comprimento padrão 11,2-23,1 cm, profundidade do corpo 4,5-6,9 cm, comprimento da cabeça 3,4-5,8 cm, diâmetro do olho 0,9-1,0 cm, comprimento da barbatana peitoral 1,2-1,9 cm, distância pré-dorsal 5,3-6,9 cm e distância pré-anal 8,5-10,9 cm. Raios da barbatana dorsal 18-20, raios da barbatana peitoral 16, raios da barbatana anal 23-24, brânquias inferiores 50-62 e escamas 16-19.

Distribuição geográfica

Angola; Benim; Camarões; Cabo Verde; Congo-DemRep; CongoRep; Gabão; Gâmbia; Gana; Guiné; Libéria; Mauritânia; Nigéria; Senegal; Serra Leoa; Togo; Saara Ocidental e costa sudeste da Índia pelo presente estudo.

Tabela 13. Desvio padrão e erro padrão para caracteres morfométricos e merísticos de *Ethmalosa fimbriata*

Parâmetros	Média	Erro Std.	Mediana	Modo	Desvio Std. Desvio
Comprimento padrão	17.092	0.609	17.2	11.2	3.653
Profundidade do corpo	5.458	0.120	5.3	4.5	0.721
Comprimento da cabeça	4.533	0.134	4.4	3.4	0.802
Diâmetro do olho	0.950	0.008	1.0	0.9	0.051
Comprimento da barbatana peitoral	1.533	0.039	1.6	1.2	0.232
Distância pré-dorsal	6.167	0.085	6.2	5.3	0.511
Distância pré-pélvica	9.600	0.135	9.4	8.5	0.808
Raios da barbatana dorsal	19.000	0.138	19.0	18.0	0.828
Raios da barbatana anal	23.500	0.085	23.5	23.0	0.507
Raios da barbatana peitoral	16.000	0.000	16.0	16.0	0.000
Raios da barbatana pélvica	7.000	0.000	7.0	7.0	0.000
Brânquias inferiores	56.417	0.607	56.5	50.0	3.644

Género *Hilsa* Regan, 1917

Os peixes são de tamanho moderado, com o corpo profundo e comprimido. A quilha de escamas está inserida no ventre. O topo da cabeça apresenta numerosas estrias frontoparietais longitudinais. Os peixes têm uma mandíbula superior com um entalhe mediano distinto. As brânquias são finas e numerosas. As brânquias dos arcos internos são nitidamente enroladas para fora. A barbatana anal é curta e insere-se bem atrás da base da barbatana dorsal. Barbatana pélvica inserida com 7 raios de barbatana. As escamas são moderadas e perfuradas. Para além das sardinhas, o sável é também uma espécie muito importante e comummente distribuída na costa sudeste da Índia. Pillai (1958) verificou que existem várias unidades populacionais de *Hilsa* em vários subcontinentes da Índia.

Hilsa kelee (Cuvier, 1829) (Fig. 16; Quadro 14)

Fig. 16. ***Hilsa kelee***

Espécie-tipo

Holótipo : CAS/MBRC/173, 14 cm SL, Índia, costa leste, Puducherry, 11°48'24.29" N, 79°48'1.42" E; A. Arockiamary; janeiro, 2008.

Parátipo: CAS/MBRC/174, 18,1 cm SL, Índia, costa leste, Nagapattinam, 10°45'7.98" N, 79°53'23.97 "E; A. Arockiamary; janeiro, 2008.

Diagnóstico

Um total de 39 espécimes desta espécie foram recolhidos em Puducherry, Parangipettai e Nagapattinam durante 2008 e 2009. Os materiais examinados confirmam bem a descrição anterior de Whitehead (1985). Os valores da média, erro padrão, meadiana, moda e desvio padrão relativos a 12 caracteres são apresentados no quadro 14. O erro padrão e o desvio padrão foram: 0,228 e 1,427; 0,024 e 0,151; 0,061 e 0,379; 0,031 e 0,191; 0,035 e 0,216; 0,019 e 0,116; 0,029 e 0,179; 0,081 e 0,505; 0,186 e 1,161; 0,081 e 0,505; 2,996 e 18,712; 0,081 e 0.505, para o comprimento padrão, profundidade do corpo, comprimento da cabeça, diâmetro do olho, comprimento da barbatana peitoral, distância pré-dorsal, distância pré-pélvica, raios da barbatana dorsal, raios da barbatana anal, raios da barbatana peitoral, brânquias e escamas, respetivamente. Estudos sobre a reprodução (Hora, 1924), ovos e larvas (Delsman, 1926), taxonomia e descrição (Ramaiyan, 1975; Whitehead, 1985; Fishbase, 2009) e morfometria (Moazzam *et al.*, 2004).

Descrição

Corpo bastante profundo e comprimido lateralmente. Topo da cabeça com numerosas estrias frontoparietais. Maxilar superior com entalhe mediano. Maxilar inferior tão longo como o maxilar superior. A maxila atinge a parte posterior do olho. A origem da barbatana ventral foi observada na metade anterior da dorsal e a anal atrás da dorsal. O corpo era prateado com um verde azulado no lado dorsal e a barbatana caudal com margem preta nos espécimes vivos. Uma mancha preta estava presente atrás da cobertura branquial, seguida de 10 manchas ao longo do flanco (Fig. 16). A análise estatística dos caracteres morfométricos e merísticos é apresentada na tabela 13. Comprimento padrão 13,9-18,2 cm, profundidade do corpo 7,2-7,6 cm, comprimento da cabeça 4,1-5,3 cm, diâmetro do olho 0,5-1,1 cm, comprimento da barbatana peitoral 1,5-2,2 cm, distância pré-dorsal 4,3-4,6 cm, distância pré-pélvica 5,8-6,3 cm e distância pré-anal 6,3-7,4 cm. Raios da barbatana dorsal 17-18, raios da barbatana peitoral 14-15, raios da barbatana anal 19-22, brânquias inferiores 114-172 e escamas totais 16-17.

Distribuição geográfica

Pacífico Indo-Ocidental (provavelmente todas as costas do oceano Índico, do Golfo de Omã e Golfo de Aden para sul até Durban e Madagáscar, Golfo da Tailândia, Mar de Java e Norte até Hong Kong e Leste até Papua Nova Guiné); Bangladesh, Camboja, China, Djibuti, Indonésia, Irão; Quénia, Laos; Malásia; Moçambique; Myanmar; Omã; Paquistão; Filipinas; Singapura; Somália; África do Sul; Sri Lanca; Taiwan; Tanzânia; Tailândia; Vietname; Iémen e costa sudeste da Índia, segundo o presente estudo.

Tabela 14. Desvio-padrão e erro-padrão dos caracteres morfométricos e merísticos de *Hilsa kelee*

Parâmetros	Média	Erro Std.	Mediana	Modo	Desvio Std. Desvio
Comprimento padrão	16.392	0.228	17	14	1.427
Profundidade do corpo	7.408	0.024	7	7	0.151
Comprimento da cabeça	4.700	0.061	5	4	0.379
Diâmetro do olho	0.777	0.031	1	1	0.191
Comprimento da barbatana peitoral	1.792	0.035	2	2	0.216
Distância pré-dorsal	4.438	0.019	4	4	0.116
Distância pré-pélvica	6.031	0.029	6	6	0.179
Raios da barbatana dorsal	17.462	0.081	17	17	0.505
Raios da barbatana anal	20.385	0.186	20	19	1.161
Raios da barbatana peitoral	14.462	0.081	14	14	0.505
Desfolhadores	142.462	2.996	143	114	18.712

Escudos	16.538	0.081	17	17	0.505

Género *Nematalosa* Regan, 1917

Os peixes são de tamanho médio e têm o ventre canelado. A boca é geralmente inferior com o focinho arredondado e saliente. A pré-maxila é curta e a maxila expandida na ponta ou aparentemente para baixo. As brânquias são finas e numerosas. Mas as brânquias são curtas, não ultrapassando metade do comprimento dos filamentos branquiais correspondentes no primeiro arco branquial. O último raio da barbatana dorsal é filamentoso. A barbatana anal é curta e inserida com 17 a 26 raios. As escamas pré-dorsais são emparelhadas e sobrepostas na linha média. Algumas espécies apresentam uma mancha escura ao longo do flanco. Durante o presente estudo, foram observadas duas espécies. São elas a *Nematalosa nasus* e a *Nematalosa japonica*.

Nematalosa japonica (Regan, 1917) (Fig. 17; Quadro 15)

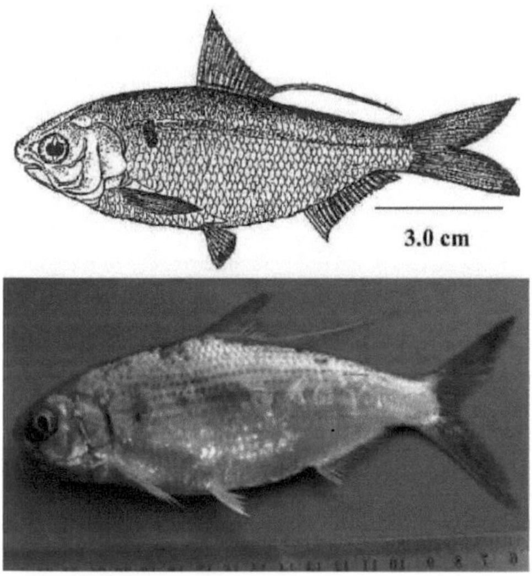

Fig. 17. ***Nematalosa japonica***

Espécie-tipo

Holótipo : CAS/MBRC/515, 15 cm SL, Índia, costa leste, Nagapattinam, 10°45'7.98" N, 79°53'23.97" E; A. Arockiamary; novembro, 2008.

Parátipo: CAS/MBRC/618, 15 cm SL, Índia, costa leste, Puducherry, 11°48'24.29" N, 79°48'1.42" E; A. Arockiamary; abril, 2009.

Diagnóstico

Um total de 33 exemplares desta espécie foram recolhidos em Puducherry, Parangipettai e Nagapattinam durante 2008 e 2009. Os espécimes concordam bem com a descrição anterior

(Whitehead, 1985 e Fishbase, 2009), exceto pequenas variações nas medidas relativas. Esta espécie foi identificada e confirmada por V. Ramaiyan, antigo professor e diretor de biologia pesqueira do CAS em Biologia Marinha, Universidade de Annamalai, Parangipettai, Índia. O corpo é estreito quando comparado com o *da Nematalosa nasus*. A média,

Os valores do erro padrão, da mediana, da moda e do desvio padrão relativos a 13 caracteres são apresentados no quadro 15. O erro-padrão e desvio padrão foram: 0,118 e 0.680; 0,033 e 0.191; 0,032 e 0,186; 0,013 e 0,076; 0,030 e 0,175; 0,042 e 0.240; 0,020 e 0.117; 0,247 e 1,420; 0,126 e 0,723; 0,141 e 0,808; 0,138 e 0.792; 0,058 e 0.331;0,160 e 0,918, para o comprimento padrão, profundidade do corpo comprimento da cabeça, olho

diâmetro, comprimento da barbatana peitoral, distância pré-dorsal, distância pré-pélvica, raios da barbatana dorsal, raios da barbatana peitoral, raios da barbatana anal, escamas pré-pélvicas, escamas pós-pélvicas e escamas totais, respetivamente. Esta espécie é registada pela primeira vez em águas indianas. Estudos sobre a taxonomia e a descrição (Whitehead, 1985; Fishbase, 2009).

Descrição

O corpo era mais estreito. Foi observado um ventre com 30-34 escudos (Fig. 17). A análise estatística dos caracteres morfométricos e merísticos é apresentada no quadro 14. Profundidade do corpo 4,8-5,1 cm, comprimento da cabeça 3,6-3,9 cm, diâmetro do olho 1-1,2 cm comprimento da barbatana peitoral 2,5-3,1 cm, distância pré-dorsal 5,8-6,5 cm e distância pré-pélvica 6,2-6,5 cm. Raios dorsais moles 16-20, raios anais moles 17-26, raios da barbatana peitoral 14-16, 8 raios da barbatana pélvica e raios da barbatana anal 21-23.

Distribuição geográfica

China; Hong Kong; Japão; República da Coreia; Filipinas; Ilha Ryukuyu; Taiwan; Tailand e Parangipettai - Índia no presente estudo.

Quadro 15. Desvio-padrão e erro-padrão para caracteres morfométricos e merísticos de *Nematalosa japonica*

Parâmetros	Média	Erro Std.	Mediana	Modo	Desvio Std. Desvio
Comprimento padrão	15.252	0.118	15	14	0.680
Profundidade do corpo	4.970	0.033	5	5	0.191
Comprimento da cabeça	3.745	0.032	4	4	0.186
Diâmetro do olho	1.085	0.013	1	1	0.076
Comprimento da	2.888	0.030	3	3	0.175

barbatana peitoral					
Distância pré-dorsal	6.097	0.042	6	6	0.240
Distância pré-pélvica	6.324	0.020	6	6	0.117
Raios da barbatana dorsal	17.727	0.247	18	16	1.420
Raios da barbatana peitoral	14.909	0.126	15	15	0.723
Raios da barbatana anal	21.818	0.141	22	21	0.808
Escudos pré-pélvicos	17.576	0.138	18	18	0.792
Escudos pós-pélvicos	14.121	0.058	14	14	0.331
Total de escudos	31.697	0.160	32	32	0.918

Nematalosa nasus (Bloch, 1795) (Fig. 18; Quadro 16)

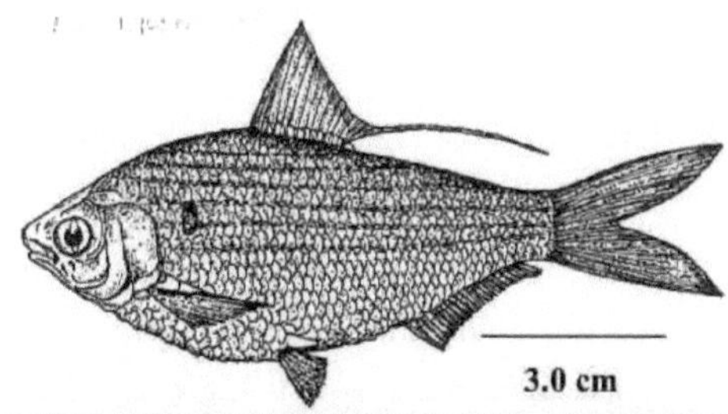

Fig. 18. ***Nematalosa nasus***

Espécie-tipo

Holótipo : CAS/MBRC/241, 17 cm SL, Índia, costa leste, Nagapattinam, 10°45'7.98" N, 79°53'23.97" E; A. Arockiamary; fevereiro, 2008.

Parátipo: CAS/MBRC/420, 18 cm SL, Índia, costa leste, Puducherry, 11°48'24.29" N, 79°48'1.42" E; A. Arockiamary; agosto, 2008.

Diagnóstico

Um total de 36 espécimes desta espécie foram recolhidos em Puducherry, Parangipettai e

Nagapattinam em 2008 e 2009. Os materiais examinados confirmam bem a descrição anterior dada por Whitehead (1985). Os valores da média, do erro padrão, da meadiana, da moda e do desvio padrão relativos a 16 caracteres são apresentados no quadro 15. Os valores do erroO erro padrão e o desvio padrão foram: 0,069 e 0.412; 0.058e

0,350; 0,008 e 0,051; 0,014 e 0,083; 0,014 e 0,086; 0.057e 0.343; 0.050 e

0,300; 0,138 e 0,828; 0,289 e 1,732; 0,000 e 0,000; 0.127e 0.762; 0.000 e

0,000; 0,127 e 0,762; 1,286 e 7,714, para comprimento padrão, profundidade do corpo, comprimento da cabeçacomprimento da cabeça,

olho

diâmetro, comprimento da barbatana peitoral, distância pré-dorsal, distância pré-pélvica, raios da barbatana dorsal, raios da barbatana anal, raios da barbatana pélvica, escudos pré-pélvicos, escudos pós-pélvicos, escudos totais e brânquias, respetivamente. Estudos sobre os ovos e as larvas (Delsman, 1933), taxonomia e descrição (Ramaiyan, 1975; Whitehead, 1985; Arockiamary, 2004; Fishbase, 2009) e biologia (Parimala e Ramaiyan, 1980).

Descrição

Corpo profundo e comprimido, perfil ventral convexo. O topo da cabeça tem 6-11 estrias parietais anteriores. Boca inferior, focinho saliente, maxilar inferior fortemente alargado para fora ao longo do seu bordo. Os últimos raios da barbatana dorsal são filamentosos. Foi observado o braço anterior do pré-opérculo com o terceiro osso infra-orbital imediatamente acima. Uma mancha escura estava presente atrás da abertura branquial. O corpo era preto-esverdeado na dorsal e caudal com margens menos escuras, barbatanas amareladas em espécimes vivos (Fig. 18). A análise estatística dos caracteres morfométricos e merísticos é apresentada na tabela 15. Comprimento padrão 17,5-18,9 cm, profundidade do corpo 6,8-7,9 cm, comprimento da cabeça 4,9-5 cm, diâmetro do olho 1,3-1,5 cm, comprimento da barbatana peitoral 3,8-4,0 cm, distância pré-dorsal 8,1-9,2 cm e distância pré-pélvica 7,6-8,5 cm. Raios da barbatana dorsal 15-17, raios da barbatana pélvica 15, raios da barbatana anal 21-26, cristas branquiais 150-175, escudos pré-pélvicos 17-20, escudos pós-pélvicos 11 e escudos totais 28- 31.

Distribuição geográfica

Barém; Bangladesh; Camboja; China; Hong Kong; Índia; Irão; Iraque; Japão; Kuwait; Malásia; Myanmar; Omã; Paquistão; Filipinas; Quatar; Arábia Saudita; Singapura; África do Sul; Sri Lanka; Taiwan; Tailândia e Vietname.

Tabela 16. Desvio-padrão e erro-padrão dos caracteres morfométricos e merísticos de *Nematalosa nasus*

Parâmetros	Média	Erro Std.	Mediana	Modo	Desvio Std.

					Desvio
Comprimento padrão	18.225	0.069	18	18	0.412
Profundidade do corpo	7.350	0.058	7	7	0.350
Comprimento da cabeça	4.950	0.008	5	5	0.051
Diâmetro do olho	1.400	0.014	1	1	0.083
Comprimento da barbatana peitoral	3.933	0.014	4	4	0.086
Distância pré-dorsal	8.642	0.057	9	9	0.343
Distância pré-pélvica	7.992	0.050	8	8	0.300
Raios da barbatana dorsal	16.000	0.138	16	15	0.828
Raios da barbatana anal	23.500	0.289	24	21	1.732
Raios da barbatana pélvica	15.000	0.000	15	15	0.000
Escudos pré-pélvicos	18.139	0.127	18	18	0.762
Escudos pós-pélvicos	11.000	0.000	11	11	0.000
Total de escudos	29.139	0.127	29	29	0.762
Desfolhadores	161.750	1.286	162	150	7.714

Género *Opisthopterus* Gill, 1861

Peixes marinhos ou estuarinos de tamanho moderado. Corpo alongado e comprimido. O ventre apresenta uma quilha afiada de escamas. Os olhos são maiores. A boca é diretamente oblíqua para cima, com maxilar superior curto. O maxilar inferior é projetado. A hipomaxila não era dentada. 17 a 28 gillrakers inseridos no gillarch inferior. A barbatana dorsal é pequena e está inserida muito atrás do ponto médio do corpo. As barbatanas pélvicas estão ausentes. A barbatana anal é longa e está inserida com mais de 50 raios. A barbatana anal origina-se verticalmente muito antes da barbatana dorsal. O corpo bem alongado e a barbatana anal facilitam a identificação do *Opisthopterus. Opisthopterus tardoore*, uma única espécie foi identificada na área de estudo.

Opisthopterus tardoore (Cuvier, 1829) (Fig. 19; Quadro 17)

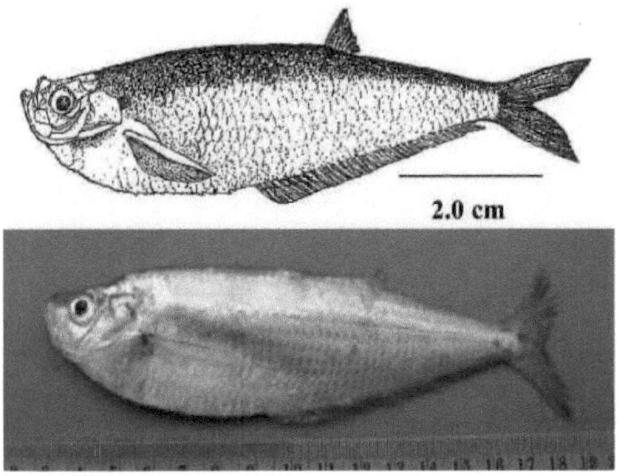

Fig. 19. ***Opisthopterus tardoore***

Espécie-tipo

Holótipo : CAS/MBRC/1025, 15 cm SL, Índia, costa leste, Parangipettai, 11°29'10.29 "N, 79°47'40.47 "E; A. Arockiamary; dezembro, 2009.

Parátipo: CAS/MBRC/1026, 16,5 cm SL, Índia, costa leste, Nagapattinam, 10°45'7.98" N, 79°53'23.97 "E; A. Arockiamary; dezembro, 2009.

Diagnóstico

Os materiais examinados confirmam bem a descrição anterior de Whitehead (1985). Os valores da média, do erro padrão, da média, da moda e do desvio padrão relativos a 11 caracteres são apresentados no quadro 17. O erro padrão e o desvio padrão foram: 0,177 e 1,274; 0,050 e 0,358; 0,017 e 0,124; 0,012 e 0,083; 0,018 e 0,127; 0,019 e 0,136; 0,069 e 0,495; 0,120 e 0,864; 0,575 e 4,146; 0,252 e 1,816; 0,268 e 1.934, para o comprimento padrão, profundidade do corpo, comprimento da cabeça, diâmetro do olho, comprimento da barbatana peitoral, distância pré-dorsal, raios da barbatana dorsal, raios da barbatana peitoral, raios da barbatana anal, total de escamas e brânquias inferiores, respetivamente. Estudos sobre os ovos e as larvas (Delsman, 1933), taxonomia e descrição (Ramaiyan, 1975; Whitehead, 1985; Arockiamary, 2004; Fishbase, 2009) e desenvolvimento embrionário (Bensam, 1968).

Descrição

Corpo comprimido lateralmente. Perfil dorsal convexo e corpo translúcido. Ventre côncavo à frente. A boca apontava obliquamente para cima. Barbatana dorsal pequena, situada bem atrás do ponto médio do corpo. Barbatanas pélvicas ausentes. Barbatana anal longa. Face dorsal cinzenta e prateada nos flancos (Fig. 19). A análise estatística dos caracteres morfométricos e merísticos é apresentada na tabela 16. Foram recolhidos 52 exemplares desta espécie em Puducherry,

Parangipettai e Nagapattinam em 2008 e 2009. Comprimento padrão 13,417,3 cm, profundidade do corpo 4,2-5,1 cm, comprimento da cabeça 2,8-3,2 cm, diâmetro dos olhos 0,9-1,1 cm, comprimento da barbatana peitoral 2,2-2,6 cm e distância pré-dorsal 8,7-9,1 cm. Raios da barbatana dorsal 13-14, raios da barbatana peitoral 12-14, raios da barbatana anal 51-63, brânquias inferiores 22-28, escamas totais 29-34.

Distribuição geográfica

Índia; Singapura e Mar de Java (Sumatra); Austrália; Camboja; China; Hong Kong; Indonésia; Irão; Iraque; Malásia; Paquistão; Filipinas; Sri Lanka; Taiwan; Tailândia e Vietname.

Tabela 17. Desvio-padrão e erro-padrão para caracteres morfométricos e merísticos de *Opisthopterus tardoore*

Parâmetros	Média	Erro Std.	Mediana	Modo	Desvio Std. Desvio
Comprimento padrão	15.662	0.177	16	17	1.274
Profundidade do corpo	4.887	0.050	5	5	0.358
Comprimento da cabeça	3.013	0.017	3	3	0.124
Diâmetro do olho	1.023	0.012	1	1	0.083
Comprimento da barbatana peitoral	2.442	0.018	3	3	0.127
Distância pré-dorsal	8.925	0.019	9	9	0.136
Raios da barbatana dorsal	13.596	0.069	14	14	0.495
Raios da barbatana peitoral	13.192	0.120	13	14	0.864
Raios da barbatana anal	57.577	0.575	58	51	4.146
Total de escamas	31.731	0.252	32	34	1.816
Brânquias inferiores	24.712	0.268	24	23	1.934

Género *Sardinella* Valenciennes, 1847

As sardinhas têm um corpo esguio com uma quilha de escamas abdominais. A principal caraterística de identificação das sardinhas é a presença de duas protuberâncias carnudas na margem posterior da abertura branquial, que também se distinguem pela presença de hipomaxilas dentadas e de filamentos no último raio da barbatana dorsal. Outra caraterística que distingue a sardinha é a presença de 40 a 100 gillrakers no arco branquial inferior. *Sardinella* tem escamas pré-dorsais emparelhadas, o que a distingue dos outros géneros. No presente estudo, foram distinguidas 11 espécies de *Sardinella*. São as seguintes: *Sardinella gibbosa, Sardinella fimbriata, Sardinella longiceps, Sardinella melanura, Sardinella brachysoma, Sardinella sindensis,*

Sardinella albella, Sardinella dayi, Sardinella tawilis, Sardinella lemuru e *Sardinella maderensis.*

Sardinella albella (Valenciennes, 1847) (Fig. 20; Quadro 18)

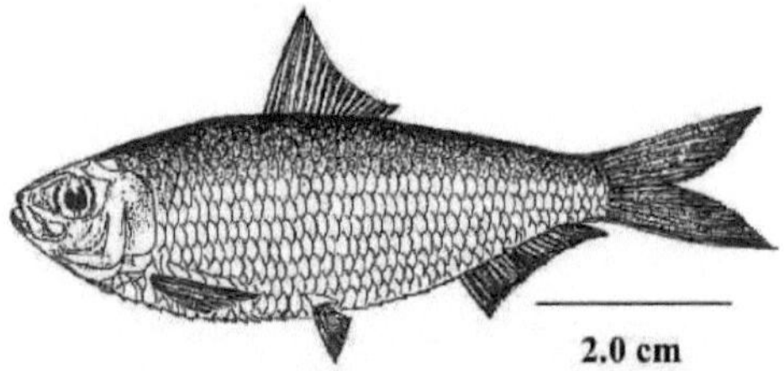

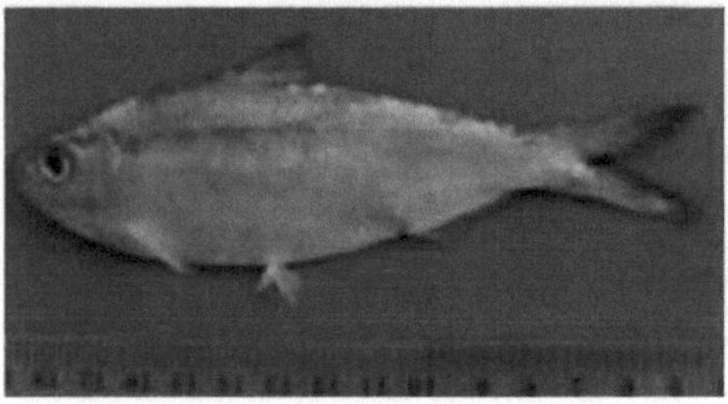

Fig. 20. *Sardinha-verdadeira*

Espécie-tipo

Holótipo : CAS/MBRC/380, 12 cm SL, Índia, costa leste, Parangipettai, 11°29'10.29 "N, 79°47'40.47 "E; A. Arockiamary; junho, 2008.

***Parátipo*:** CAS/MBRC/381, 13,5 cm SL, Índia, costa leste, Nagapattinam, 10°45'7.98" N, 79°53'23.97 "E; A. Arockiamary; junho, 2008.

Diagnóstico

Um total de 49 espécimes desta espécie foram recolhidos em Puducherry, Parangipettai e Nagapattinam em 2008 e 2009. As descrições acima concordam bem com as de Ramaiyan (1977). Os valores da média, do erro padrão, da meadiana, da moda e do desvio padrão relativos a 11 caracteres são apresentados no quadro 18. O erro padrão e o desvio padrão foram: 0,127 e 0,890; 0,032 e 0,222; 0,032 e 0,222; 0,011 e 0,078; 0,022 e 0,154; 0,074 e 0,518; 0,036 e 0,251; 0,131 e 0,919; 0,116 e 0,814; 0,794 e 5,558; 0,226 e 1.581, para o comprimento padrão , a profundidade do corpo, o comprimento da cabeça, o diâmetro dos olhos, o comprimento da barbatana peitoral, a distância pré-dorsal, a distância pré-pélvica, os raios da barbatana dorsal, os raios da barbatana anal, as brânquias inferiores e as escamas, respetivamente. Estudos sobre os ovos e as larvas (Delsman, 1933), biologia (Chacko e Mathew, 1956), taxonomia e descrição (Whitehead, 1967; Ramaiyan, 1977; Arockiamary, 2004; Fishbase, 2009), lista de controlo (Ramaiyan *et al.*, 1986-87) e parâmetros populacionais (Aripin *et al.*, 2000).

Descrição

Corpo comprimido, mas variável, desde delgado a moderadamente profundo. Estrias verticais nas escamas que não se encontram no centro; a parte posterior apresenta perfurações. A mandíbula superior aproxima-se do centro do olho. Origem da barbatana dorsal mais próxima do focinho do que da base caudal. O lado dorsal do corpo é cinzento, os lados laterais são prateados (Fig. 20). Está presente uma mancha preta na origem da barbatana dorsal. A análise estatística dos caracteres morfométricos e merísticos é apresentada na tabela 17. Comprimento padrão 11,8-14,2 cm, profundidade do corpo 3,2-3,8 cm, comprimento da cabeça 2,5-3,1 cm, diâmetro do olho 0,6-0,8 cm, comprimento da barbatana peitoral 1,5-1,9 cm, distância pré-dorsal 4,4-6,1 cm e distância pré-pélvica 5,4-6,1 cm. Raios da barbatana dorsal 17-19, raios da barbatana anal 20-22, brânquias inferiores 4358 e escamas 29-33.

Distribuição geográfica

Pacífico Indo-Oeste (Mar Vermelho, Golfo; costa oriental de África; Madagáscar para leste até à Indonésia; norte até à ilha de Taiwan; sul até à Papua-Nova Guiné); Austrália; Barém; Bangladeche; Camboja; China Principal; Comores; Jibuti; Egito; Eritreia; Hong Kong; Índia; Irão; Iraque; Israel; Jordânia; Quénia; Kuwait; Madagáscar; Malásia; Moçambique; Myanmar; Omã; Paquistão; Filipinas; Qatar; Samoa; Arábia Saudita; Singapura; Somália; África do Sul; Sri Lanka; Sudão; Taiwan; Tanzânia; Tailândia; Vietname e Iémen.

Tabela 18. Desvio-padrão e erro-padrão dos caracteres morfométricos e merísticos de *Sardinella albella*

Parâmetros	Média	Erro Std.	Mediana	Modo	Desvio Std. Desvio
Comprimento padrão	12.984	0.127	13	12	0.890
Profundidade do corpo	3.465	0.032	3	3	0.222
Comprimento da cabeça	2.765	0.032	3	3	0.222
Diâmetro do olho	0.663	0.011	1	1	0.078
Comprimento da barbatana peitoral	1.704	0.022	2	2	0.154
Distância pré-dorsal	5.235	0.074	5	5	0.518
Distância pré-pélvica	5.571	0.036	6	5	0.251
Raios da barbatana dorsal	17.776	0.131	17	17	0.919
Raios da barbatana anal	20.592	0.116	20	20	0.814
Brânquias inferiores	50.776	0.794	49	58	5.558
Total de escudos	31.041	0.226	31	29	1.581

Sardinella brachysoma (Bleeker, 1852) (Fig. 21; Quadro 19)

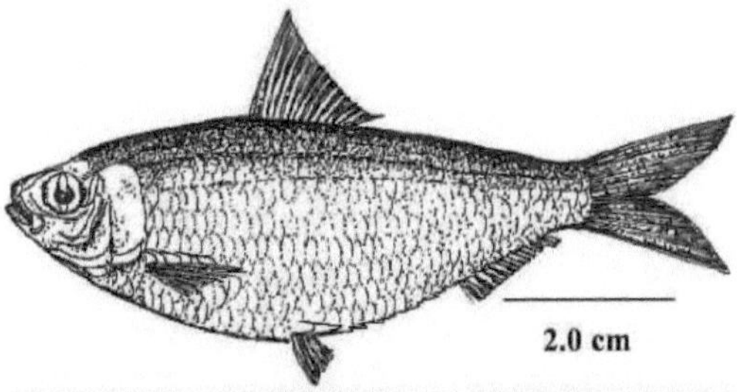

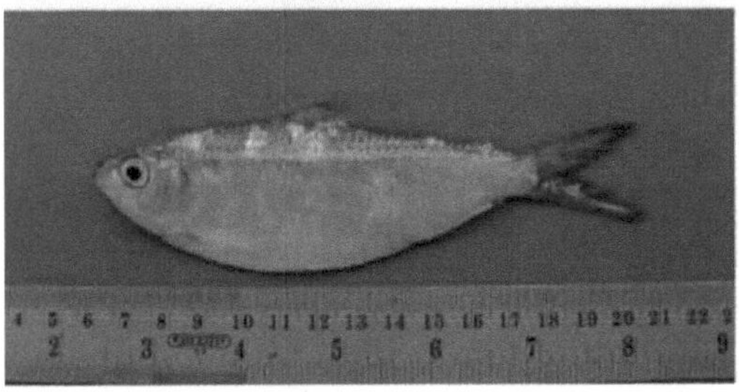

Fig. 21. ***Sardinela brachysoma***

Espécie-tipo

Holótipo : CAS/MBRC/197, 12,5 cm SL, Índia, costa leste, Puducherry, 11°48'24.29" N, 79°48'1.42" E; A. Arockiamary; fevereiro, 2008.

Parátipo: CAS/MBRC/374, 14 cm SL, Índia, costa leste, Parangipettai, 11°29'10.29 "N, 79°47'40.47 "E; A. Arockiamary; junho, 2008.

Diagnóstico

Um total de 45 espécimes desta espécie foram recolhidos em Puducherry, Parangipettai e Nagapattinam em 2008 e 2009. As descrições acima concordam bem com as de Whitehead (1985). Os valores da média, do erro padrão, da meadiana, da moda e do desvio padrão relativos a 12 caracteres são apresentados no quadro 19. O erro padrão e o desvio padrão foram: 0,091 e 0,613; 0,043 e 0,289; 0,037 e 0,247; 0,013 e 0,084; 0,019 e 0,127; 0,080 e 0,536; 0,059 e 0,395; 0,105 e 0,707;

0,156 e 1,044; 0,000 e 0,000; 1,049 e 7,034; 0,156 e 1,044, para o comprimento padrão, profundidade do corpo, comprimento da cabeça, diâmetro do olho, comprimento da barbatana peitoral, distância pré-dorsal, distância pré-pélvica, raios da barbatana dorsal, raios da barbatana anal, raios da barbatana pélvica, brânquias inferiores e escamas, respetivamente. Estudos sobre a taxonomia e a descrição (Whitehead, 1985; Fishbase, 2009).

Descrição

Corpo profundo e comprimido. Estrias verticais nas escamas sobrepostas ou por vezes contínuas no centro da escama, numerosas pequenas perfurações na parte posterior da escama. A cor do corpo é azul, os flancos são prateados (Fig. 21). Uma mancha preta estava presente na origem da barbatana dorsal. A análise estatística dos caracteres morfométricos e merísticos é apresentada no quadro 18. Comprimento padrão 12,3-14,1 cm, profundidade do corpo 4,1-4,9 cm, comprimento da cabeça 5,6-6,4 cm, diâmetro dos olhos 0,8-1 cm, comprimento da barbatana peitoral 1,5-1,9 cm, distância pré-dorsal 4,3-5,6 cm e distância pré-pélvica 4,9-6,1 cm. Raios da barbatana dorsal 14-16, raios da barbatana pélvica 8, raios da barbatana anal 16-17, brânquias inferiores 40- 67 e escamas totais 29-32.

Distribuição geográfica

Índia; Indonésia; Norte da Austrália; China; Hong Kong; Bangladesh; Malásia; Filipinas; Singapura; Taiwan e Tailândia.

Tabela 19. Desvio-padrão e erro-padrão dos caracteres morfométricos e merísticos de *Sardinella brachysoma*

Parâmetros	**Média**	**Erro Std.**	**Mediana**	**Modo**	**Desvio Std. Desvio**
Comprimento padrão	13.113	0.091	13	13	0.613
Profundidade do corpo	4.420	0.043	4	4	0.289
Comprimento da cabeça	5.960	0.037	6	6	0.247
Diâmetro do olho	0.880	0.013	1	1	0.084
Comprimento da barbatana peitoral	1.647	0.019	2	2	0.127
Distância pré-dorsal	4.907	0.080	5	4	0.536
Distância pré-pélvica	5.367	0.059	5	5	0.395
Raios da barbatana dorsal	14.667	0.105	15	14	0.707
Raios da barbatana anal	17.000	0.156	17	16	1.044
Raios da barbatana pélvica	8.000	0.000	8	8	0.000
Brânquias inferiores	56.467	1.049	55	48	7.034
Escudos	30.000	0.156	30	29	1.044

Sardinella dayi (Regan, 1917) (Fig. 22; Quadro 20)

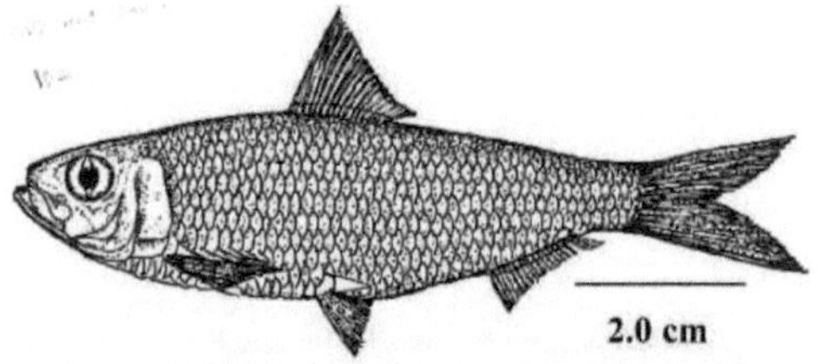

Fig. 22. ***Sardinha-verdadeira***

Espécie-tipo

Holótipo : CAS/MBRC/516, 17 cm SL, Índia, costa leste, Parangipettai, 11°29'10.29 "N, 79°47'40.47 "E; A. Arockiamary; dezembro, 2008.

Parátipo: CAS/MBRC/623, 18 cm SL, Índia, costa leste, Puducherry, 11°48'24.29" N, 79°48'1.42" E; A. Arockiamary; fevereiro, 2009.

Diagnóstico

Foram recolhidos 49 exemplares desta espécie em Puducherry, Parangipettai e Nagapattinam em 2008 e 2009. Os materiais examinados confirmam bem a descrição anterior de Ramaiyan (1977). Os valores da média, do erro padrão, da média, da moda e do desvio padrão relativos a 14 caracteres são apresentados no quadro 20. O erro padrão e o desvio padrão foram: 0,129 e 0,902; 0,036 e 0,254; 0,048 e 0,334; 0,011 e 0,080; 0,016 e 0,111; 0,023 e 0,158; 0,046 e 0,319; 0,070 e 0,492; 0,070 e 0,492; 0,070 e 0,492; 0,750 e 5,249; 0,072 e 0,504; 0,072 e

0,503; 0,107 e 0,750, para o comprimento padrão, profundidade do corpo, comprimento da cabeça, diâmetro do olho, comprimento da barbatana peitoral, distância pré-dorsal, distância pré-pélvica, raios da barbatana dorsal, raios da barbatana anal, raios da barbatana peitoral, brânquias, escudos pós-pélvicos, escudos pré-pélvicos e escudos totais, respetivamente. Estudos sobre os ovos e as larvas (Delsman, 1933), biologia (Nair, 1961), taxonomia e descrição (Regan, 1917; Ramaiyan, 1977; Whitehead, 1985, 1967; Arockiamary, 2004; Fishbase, 2009), lista de controlo dos peixes de Parangipettai (Ramaiyan *et al.*, 1986-87) e anomalia gonadal (Lazarus, 1973).

Descrição

Corpo oblongo e comprimido lateralmente. Os perfis dorsal e ventral do corpo são muito curvos. Escamas perfuradas, fimbriadas e erodidas posteriormente. A origem da barbatana dorsal está mais próxima da ponta do focinho. Dentes fracos e minúsculos presentes nos maxilares, palatinos e língua. Terço superior do corpo castanho-azulado, dois terços inferiores amarelados, escamosos ou prateados nas manchas sem escamas, bordo da barbatana dorsal ligeiramente poeirento (Fig. 22). Mancha negra distinta no bordo posterior da cobertura branquial. A análise estatística dos caracteres morfométricos e merísticos é apresentada no quadro 19. Comprimento padrão 16,2-18,9 cm, profundidade do corpo 3,2-3,9 cm, comprimento da cabeça 2,9-3,9 cm, diâmetro do olho 0,6-0,8 cm, comprimento da barbatana peitoral 1,7-2,0 cm, distância pré-dorsal 4,6-5,1 cm e distância pré-pélvica 4,9-5,8 cm. Raios da barbatana dorsal 18-19, raios da barbatana anal 20-21, total de brânquias 88-103 e total de escamas 20-22.

Distribuição geográfica

Índia; Austrália; Hong Kong; Coreia; Madagáscar; Maurícia; Sri Lanka; Taiwan; Tailândia e Reunião.

Tabela 20. Desvio-padrão e erro-padrão dos caracteres morfométricos e merísticos de *Sardinella dayi*

Parâmetros	Média	Erro Std.	Mediana	Modo	Desvio Std. Desvio
Comprimento padrão	17.453	0.129	17	17	0.902
Profundidade do corpo	3.478	0.036	3	3	0.254
Comprimento da cabeça	3.396	0.048	3	4	0.334
Diâmetro do olho	0.684	0.011	1	1	0.080
Comprimento da barbatana peitoral	1.816	0.016	2	2	0.111
Distância pré-dorsal	4.878	0.023	5	5	0.158
Distância pré-pélvica	5.435	0.046	6	6	0.319
Raios da barbatana dorsal	18.388	0.070	18	18	0.492
Raios da barbatana anal	20.388	0.070	20	20	0.492
Raios da barbatana peitoral	17.388	0.070	17	17	0.492
Desfolhadores	94.490	0.750	94	88	5.249
Escudos pós-pélvicos	13.531	0.072	14	14	0.504
Escudos pré-pélvicos	7.449	0.072	7	7	0.503
Total de escudos	20.980	0.107	21	21	0.750

Sardinella fimbriata (Valenciennes, 1847) (Fig. 23; Quadro 21)

Fig. 23. ***Sardinela fimbriata***

Espécie-tipo

Holótipo : CAS/MBRC/818, 12.6 cm SL, Índia, costa leste, Puducherry, 11°48'24.29" N, 79°48'1.42" E; A. Arockiamary; agosto, 2009.

Parátipo: CAS/MBRC/853, 13.2 cm SL, Índia, costa leste, Parangipettai, 11°29'10.29 "N, 79°47'40.47 "E; A. Arockiamary; setembro, 2009.

Diagnóstico

Um total de 55 espécimes desta espécie foram recolhidos em Puducherry, Parangipettai e Nagapattinam durante 2008 e 2009. Os materiais examinados confirmam bem a descrição anterior (Whitehead, 1985). A média, o erro padrão, a meadiana, a moda e o desvio padrão relativos a 11 caracteres são apresentados no quadro 21. O erro padrão e o desvio padrão foram: 0,055 e 0,409; 0,033 e 0,243; 0,031 e 0,230; 0,007 e 0,049; 0,023 e 0,173; 0,035 e 0,256; 0,025 e 0,187; 0,120 e 0,891; 0,159 e 1,182; 1,048 e 7,771; 0,112 e 0.834, para o comprimento padrão, profundidade do corpo, comprimento da cabeça, diâmetro do olho, comprimento da barbatana peitoral, distância pré-dorsal, distância pré-pélvica, raios da barbatana dorsal, raios da barbatana anal, brânquias inferiores e escamas, respetivamente. Estudos sobre a taxonomia e descrição (Whitehead, 1985; Arockiamary, 2004; Fishbase, 2009), lista de controlo (Ramaiyan, 1977), biologia e pesca (Sridharan, 1999) e parâmetros populacionais (Aripin *et al.*, 2000).

Descrição

Corpo esguio a moderadamente profundo. As estrias verticais da escama não se encontram no centro. Parte posterior da escama com algumas perfurações. Ventre com uma quilha pontiaguda de escamas. O corpo é cinzento-esverdeado. Foi observada uma mancha escura na origem da barbatana dorsal (Fig. 23). A análise estatística dos caracteres morfométricos e merísticos é apresentada na tabela 20. Comprimento padrão 12,2-13,5 cm, profundidade do corpo 3,9-4,7 cm, comprimento da cabeça 5,2-6 cm, diâmetro do olho 0,8-0,9 cm, comprimento da barbatana peitoral 1,7-2,2 cm, distância pré-dorsal 4,5-5,3 cm, distância pré-pélvica 5,7-6,3 cm. Raios da barbatana dorsal 14-16, raios da barbatana anal 18-21, brânquias inferiores 54-81 e escamas totais 29-31.

Distribuição geográfica

Pacífico Indo-Ocidental (não no Oceano Índico ocidental, mas do sul da Índia e da Baía de Bengala até às Filipinas; também ponta oriental da Papuásia-Nova Guiné); Camboja; China; Bangladesh; Hong Kong; Malásia; Maurícia; Myanmar; Samoa; Sri Lanka; Vietname; Taiwan e Tailândia.

Tabela 21. Desvio-padrão e erro-padrão dos caracteres morfométricos e merísticos de *Sardinella fimbriata*

Parâmetros	Média	Erro Std.	Mediana	Modo	Desvio Std. Desvio
Comprimento padrão	12.778	0.055	13	12	0.409
Profundidade do corpo	4.235	0.033	4	4	0.243
Comprimento da cabeça	5.524	0.031	6	5	0.230
Diâmetro do olho	0.836	0.007	1	1	0.049
Comprimento da barbatana peitoral	1.984	0.023	2	2	0.173
Distância pré-dorsal	4.925	0.035	5	5	0.256
Distância pré-pélvica	5.987	0.025	6	6	0.187
Raios da barbatana dorsal	14.945	0.120	15	14	0.891
Raios da barbatana anal	19.418	0.159	19	18	1.182
Brânquias inferiores	70.218	1.048	70	70	7.771
Escudos	30.164	0.112	30	31	0.834

Sardinella gibbosa (Bleeker, 1849) (Fig. 24; Quadro 22)

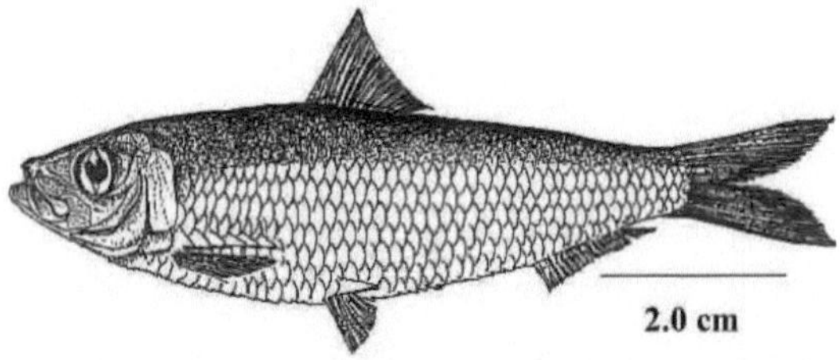

Fig. 24. *Sardinela gibbosa*

Espécie-tipo

Holótipo : CAS/MBRC/965, 12,2 cm SL, Índia, costa leste, Nagapattinam, 10°45'7.98" N, 79°53'23.97 "E; A. Arockiamary; outubro, 2009.

Parátipo: CAS/MBRC/998, 13 cm SL, Índia, costa leste, Puducherry, 11°48'24.29" N, 79°48'1.42" E; A. Arockiamary; novembro, 2009.

Diagnóstico

Um total de 54 espécimes desta espécie foram recolhidos em Puducherry, Parangipettai e Nagapattinam em 2008 e 2009. Os espécimes apresentaram dois tipos de variações nas três estações. O primeiro tipo com corpo alongado e estreito e o segundo tipo com corpo largo e redondo. Os caracteres merísticos não apresentaram grandes variações. As descrições acima concordam bem com as efectuadas por Whitehead (1985). A média, o erro padrão, a meadiana, a moda e o desvio padrão relativos a 12 caracteres são apresentados no quadro 22. O erro padrão e o desvio padrão foram: 0,061 e 0,449; 0,029 e 0,216; 0,012 e 0,088; 0,012 e 0,086; 0,025 e 0,186; 0,049 e 0,363; 0,016 e

0,118; 0,069 e 0,505; 0,068 e 0,502; 0,000 e 0,000; 0,729 e 5,358; 0,121 e 0,890, para o comprimento padrão, profundidade do corpo, comprimento da cabeça, diâmetro dos olhos, comprimento da barbatana peitoral, distância predorsal, distância pré-pélvica, raios da barbatana anal, raios da barbatana peitoral, raios da barbatana pélvica, brânquias inferiores e escamas, respetivamente. Estudos sobre a bionomia (Chacko, 1946; Ganapati e Rao, 1957), a alimentação

(Devanesan, 1932; Okera, 1973), a reprodução (Nair, 1961), a desova (Sekharan *et al*, 1969), comprimento peso e crescimento (Sekharan, 1968), taxonomia e descrição (Whitehead, 1985; Fishbase, 2009; Ramaiyan, 1977; Arockiamary, 2004), biologia e pesca (Sridharan, 1999) e comida e alimentação (Nyunja *et al.*, 2002).

Descrição

Corpo oblongo e muito comprimido. Ventre fortemente quilhado com escamas pontiagudas proeminentes. As estrias verticais das escamas não se encontram no centro e a parte posterior apresenta pequenas perfurações. A cor do corpo é cinzenta na superfície, cinzenta ou castanha escura nos flancos, prateada. As margens das barbatanas dorsal e caudal são escuras (Fig. 24). A análise estatística dos caracteres morfométricos e merísticos é apresentada na tabela 21. Comprimento padrão 12,2-13,6 cm, profundidade do corpo 2,6-3,2 cm, comprimento da cabeça 2,9-3,1 cm, diâmetro do olho 0,6-0,8 cm, comprimento da barbatana peitoral 1,2-2,0 cm, distância pré-dorsal 3,8-4,8 cm, distância pré-pélvica 5,8-6,1 cm. Raios da barbatana dorsal 15-18, raios da barbatana peitoral 14-15, raios da barbatana pélvica 8, raios da barbatana anal 18-19, brânquias inferiores 45-59 e escamas totais 32-34.

Distribuição geográfica

Pacífico Indo-Ocidental (o Golfo, mas aparentemente não o Mar Vermelho; costas da África Oriental; Madagáscar para leste até à Indonésia; norte até Taiwan e Coreia para sul até ao norte da Austrália; possivelmente também as costas ocidentais da Austrália); Barém; Bangladesh; Camboja; China; Djibuti; Hong Kong; Índia; Irão; Iraque; Quénia; Kuwait; Madagáscar; Malásia; Moçambique; Myanmar; Omã; Paquistão; Filipinas; Qatar; Samoa; Arábia Saudita; Singapura; Somália; África do Sul; Sri Lanka; Tanzânia; Tailândia; Vietname e Iémen.

Tabela 22. Desvio-padrão e erro-padrão dos caracteres morfométricos e merísticos de *Sardinella gibbosa*

Parâmetros	Média	Erro Std.	Mediana	Modo	Desvio Std. Desvio
Comprimento padrão	12.902	0.061	13	12	0.449
Profundidade do corpo	2.917	0.029	3	3	0.216
Comprimento da cabeça	3.011	0.012	3	3	0.088
Diâmetro do olho	0.706	0.012	1	1	0.086
Comprimento da barbatana peitoral	1.806	0.025	2	2	0.186
Distância pré-dorsal	4.256	0.049	4	4	0.363
Distância pré-pélvica	5.950	0.016	6	6	0.118
Raios da barbatana anal	18.500	0.069	19	18	0.505

Raios da barbatana peitoral	14.444	0.068	14	14	0.502
Raios da barbatana pélvica	8.000	0.000	8	8	0.000
Brânquias inferiores	51.537	0.729	50	50	5.358
Escudos	33.000	0.121	33	32	0.890

Sardinella lemuru (Bleeker, 1853) (Fig. 25; Quadro 23)

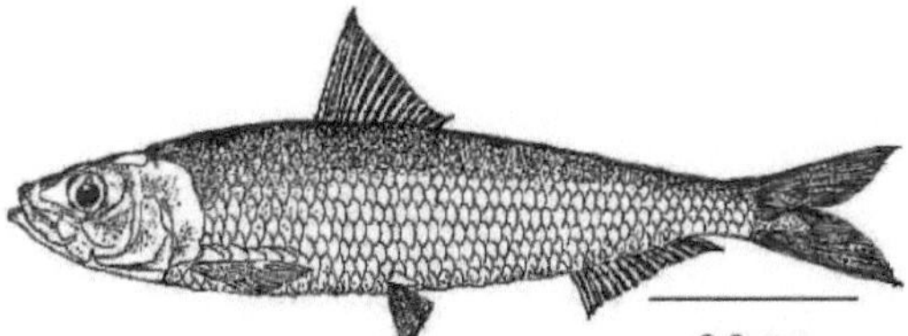

Fig. 25. *Sardinela lemuru*

Espécie-tipo

Holótipo : CAS/MBRC/362, 18 cm SL, Índia, costa leste, Nagapattinam, 10°45'7.98" N, 79°53'23.97" E; A. Arockiamary; maio, 2008.

Parátipo: CAS/MBRC/395, 19 cm SL, Índia, costa leste, Parangipettai, 11°29'10.29 "N, 79°47'40.47 "E; A. Arockiamary; junho, 2008.

Diagnóstico

Um total de 39 espécimes desta espécie foram recolhidos em Puducherry, Parangipettai e Nagapattinam em 2008 e 2009. Os espécimes examinados confirmam bem a descrição anterior de Whitehead (1985). Esta espécie foi identificada e confirmada por V. Ramaiyan, antigo professor e diretor de biologia das pescas CAS em Biologia Marinha, Universidade de Annamalai, Parangipettai, Índia. *A Sardinella lemuru* tem uma relação morfológica estreita com a *Sardinella longiceps*. Os valores da média, do erro padrão, da média, da moda e do desvio padrão relativos a 12 caracteres são apresentados no quadro 23. O erro padrão e o desvio padrão foram: 0,153 e 0,953; 0,023 e 0,142; 0,037 e 0,233; 0,008 e 0,051; 0,028 e 0,175; 0,031 e 0,193; 0,061 e 0,379;

0,265 e 1,657; 0,389 e 2,432; 0,000 e 0,000; 5,349 e 33,405; 0,186 e 1.161 para o comprimento padrão, a profundidade do corpo, o comprimento da cabeça, o diâmetro dos olhos, o comprimento da barbatana peitoral, a distância predorsal, a distância pré-pélvica, os raios da barbatana dorsal, os raios da barbatana anal, os raios da barbatana pélvica, as brânquias inferiores e o total de escamas, respetivamente. Estudos sobre a taxonomia e a descrição (Whitehead, 1985; Fishbase, 2009).

Descrição

Corpo alongado e subcilíndrico. Cor cinzenta na parte dorsal e prateada nos flancos. Uma mancha dourada ténue estava presente atrás da abertura branquial. Mancha preta distinta no bordo posterior da cobertura branquial (Fig. 25). A análise estatística dos caracteres morfométricos e merísticos é apresentada no quadro 22. Comprimento padrão 17,8-20,2 cm, profundidade do corpo 3,9-4,3 cm, comprimento da cabeça 4,3-5,0 cm, diâmetro do olho 0,8-0,9 cm, comprimento da barbatana peitoral 1,9-2,4 cm, distância pré-dorsal 4,6-5,2 cm, distância pré-pélvica 5,0-6,2 cm. Raios da barbatana dorsal 15-19, raios da barbatana pélvica 8, raios da barbatana anal 14-22, brânquias inferiores 82-180 e escamas totais 31-34.

Distribuição geográfica

Oceano Índico oriental (Phuket; Tailândia; costa meridional de Java oriental e Bali); Austrália ocidental e Pacífico ocidental (Mar de Java a norte das Filipinas; Hong Kong; ilha de Taiwan até ao sul do Japão); China; Indonésia; Malásia; Singapura; Vietname e costa sudeste da Índia, segundo o presente estudo.

Tabela 23. Desvio-padrão e erro-padrão dos caracteres morfométricos e merísticos de *Sardinella lemuru*

Parâmetros	Média	Erro Std.	Mediana	Modo	Desvio Std. Desvio
Comprimento padrão	19.000	0.153	19	20	0.953
Profundidade do corpo	4.085	0.023	4	4	0.142
Comprimento da cabeça	4.669	0.037	5	4	0.233
Diâmetro do olho	0.846	0.008	1	1	0.051
Comprimento da barbatana peitoral	2.192	0.028	2	2	0.175
Distância pré-dorsal	4.962	0.031	5	5	0.193
Distância pré-pélvica	5.600	0.061	6	5	0.379
Raios da barbatana dorsal	17.308	0.265	18	19	1.657
Raios da barbatana anal	18.923	0.389	19	18	2.432

Raios da barbatana pélvica	8.000	0.000	8	8	0.000
Brânquias inferiores	140.231	5.349	150	125	33.405
Total de escudos	32.385	0.186	32	31	1.161

Sardinella longiceps (Valenciennes, 1847) (Fig. 26; Quadro 24)

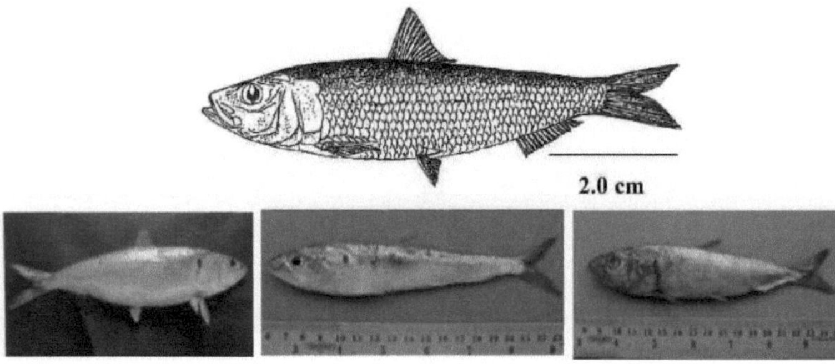

Fig. 26. ***Sardinha longiceps***

Espécie-tipo

Holótipo : CAS/MBRC/423, 16 cm SL, Índia, costa leste, Nagapattinam, 10°45'7.98" N, 79°53'23.97" E; A. Arockiamary; setembro, 2008.

***Parátipo*:** CAS/MBRC/424, 18 cm SL, Índia, costa leste, Puducherry, 11°48'24.29" N, 79°48'1.42" E; A. Arockiamary; setembro, 2008.

Diagnóstico

Um total de 42 exemplares desta espécie foram recolhidos em Puducherry, Parangipettai e Nagapattinam durante 2008 e 2009. Durante o período de estudo, *Sardinella longiceps* foi uma espécie comum e dominante entre os peixes clupeoides. Os caracteres morfométricos de *Sardinella longiceps* revelaram três tipos de variações do corpo. O corpo era muito profundo no primeiro tipo, moderadamente profundo no segundo tipo e muito estreito no terceiro tipo. Não se registaram grandes variações nos caracteres merísticos dos três tipos de peixes acima referidos. As descrições acima concordam bem com as de Whitehead (1985). Os valores da média, do erro padrão, da média, da moda e do desvio padrão relativos a 11 caracteres são apresentados no quadro 24. O erro padrão e o desvio padrão foram: 0,129 e 0,838; 0,034 e 0,217; 0,036 e 0,233; 0,011 e 0,074; 0,016 e 0,102; 0,019 e 0,124; 0,062 e 0,401; 0,111 e 0,721; 0,178 e 1,153; 0,123 e 0,798; 0,961 e 6.228, para o comprimento padrão, a profundidade do corpo, o comprimento da cabeça, o diâmetro dos olhos, o comprimento da barbatana peitoral, a distância pré-dorsal, a distância pré-pélvica, os raios da barbatana dorsal, os raios da barbatana anal, os raios da barbatana peitoral e as brânquias inferiores, respetivamente.

Sardinella longiceps apresentou três tipos de singularidade. O corpo era muito profundo no primeiro tipo, moderadamente profundo no segundo tipo e muito estreito no terceiro tipo (Fig. 26.). Uma observação semelhante foi também efectuada por Devenesan e Chidambaram (1943). Estes autores efectuaram um breve estudo sobre as diferenças de comprimento da cabeça e da cauda da sardinha-pintada (*Sardinella longiceps*) recolhida em várias localidades do mar Arábico. Foi sugerido que as populações de Karwar possuíam a cauda mais comprida, ao passo que as populações de Adam, Bombaim, Muscat e Malabar mostraram que o comprimento da cabeça estava a diminuir. Prabhu e Dhulkhed (1972) observaram que as três variedades de sardinha nas capturas de Mangalore apresentavam diferenças no comprimento da cabeça e na profundidade do corpo. Referiram-se a estas variedades como A, B e C, mas não excluíram a possibilidade de o tipo A, com a sua cabeça relativamente mais curta e o seu corpo mais profundo, representar um produto de cruzamento entre *a Sardinella fimbriata* e *a Sardinella longiceps*. Além disso, sugeriram possivelmente a possibilidade de mistura de diferentes variedades na zona de Mangalore. Selvaraj (1990) sugeriu que os factores ambientais como a salinidade, a temperatura, o oxigénio dissolvido, a turbidez e as correntes de água têm um efeito profundo nos caracteres merísticos dos peixes, especialmente durante as primeiras fases de desenvolvimento. As diferenças significativas observadas atualmente entre as amostras de várias localidades podem talvez dever-se a variações nos parâmetros ambientais e nas localizações geográficas.

Estudos sobre a biologia (Nair, 1961), taxonomia e descrições (Whitehead, 1973b; Ramaiyan, 1977; Arockiamary, 2004; Fishbase, 2009), *Sardinella longiceps* em relação à ressurgência (Edwards e Shaher, 1986), identificação da população (Sivakumar, 1990), parâmetros de crescimento (Sathianandan, 1997), desembarques (Srinath, 1998; Sathianandan e Alagaraja, 1998), pesca (Ganga, 2000), parâmetros populacionais (Aripin *et al.*, 2000), estimativa da seletividade (Thomas, 2002), cardumes de jovens (Harikrishnan e Kurup, 2002), tamanho recorde (Prathibha Rohit, 2003), relações comprimento-peso (Abdurahiman *et al.*, 2004) e dependência da densidade e efeitos ambientais (Xu e Boyce, 2009).

Descrição

Corpo alongado e subcilíndrico. Cabeça mais comprida, com um terço do comprimento do corpo. A barbatana ventral situa-se abaixo da barbatana dorsal e a barbatana anal atrás da barbatana dorsal. Parte posterior das escamas marcada por numerosas estrias radiantes minúsculas. A cor do corpo é verde-azulada nos lados dorsais e prateada nos lados laterais. Uma ligeira mancha dourada estava presente atrás da abertura branquial. Mancha preta distinta no bordo posterior da cobertura branquial (Fig. 26). A análise estatística dos caracteres morfométricos e merísticos é apresentada no quadro 23. Comprimento padrão 15,8-18,2 cm, profundidade do corpo 3,2-3,9 cm, comprimento da cabeça 5,5-6,2 cm, diâmetro do olho 0,7-0,9 cm, comprimento da barbatana peitoral 1,8-2,1 cm, distância pré-dorsal 4,8-5,2 cm, distância pré-pélvica 5,8-6,9 cm. Raios da barbatana dorsal 15-17, raios da barbatana peitoral 14-16, raios da barbatana anal 13-16, brânquias inferiores 190-210 e escamas 30-34.

Distribuição geográfica

Oceano Índico; Jibuti; Irão; Paquistão; Filipinas; Somália; Sri Lanka; Vietname e Iémen.

Tabela 24. Desvio-padrão e erro-padrão dos caracteres morfométricos e merísticos de *Sardinella longiceps*

Parâmetros	Média	Erro Std.	Mediana	Modo	Desvio Std. Desvio
Comprimento padrão	17.107	0.129	17	18	0.838
Profundidade do corpo	3.462	0.034	3	3	0.217
Comprimento da cabeça	5.743	0.036	6	6	0.233
Diâmetro do olho	0.752	0.011	1	1	0.074
Comprimento da barbatana peitoral	1.912	0.016	2	2	0.102
Distância pré-dorsal	5.002	0.019	5	5	0.124
Distância pré-pélvica	6.343	0.062	7	6	0.401
Raios da barbatana dorsal	15.667	0.111	16	15	0.721
Raios da barbatana anal	14.524	0.178	15	15	1.153
Raios da barbatana peitoral	14.738	0.123	15	14	0.798
Brânquias inferiores	200.571	0.961	200	210	6.228

Sardinella maderensis (Lowe, 1839) (Fig. 27; Quadro 25)

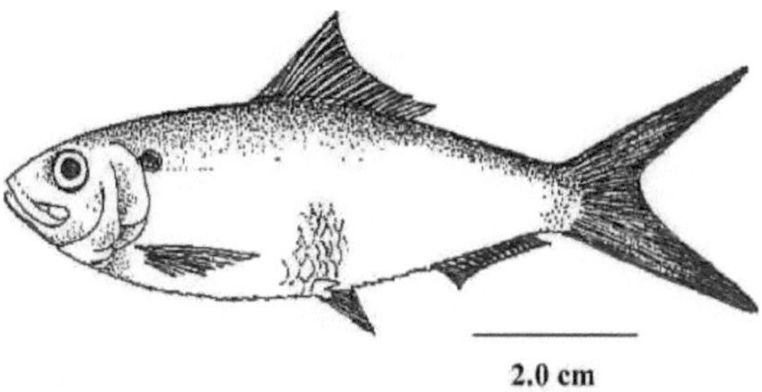

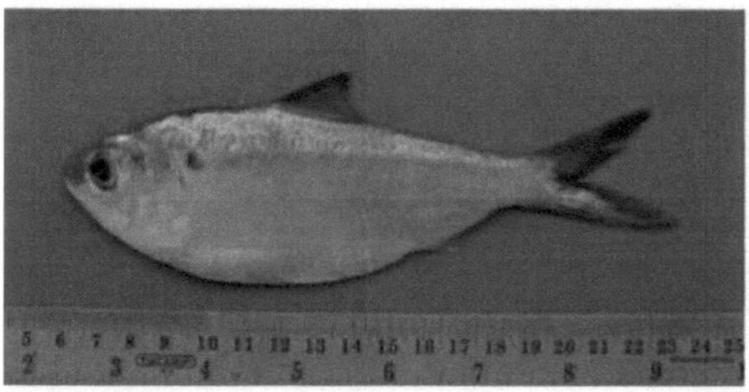

Fig. 27. ***Sardinela maderensis***

Espécie-tipo

Holótipo : CAS/MBRC/618, 16,5 cm SL, Índia, costa leste, Puducherry, 11°48'24.29" N, 79°48'1.42" E; A. Arockiamary; junho, 2008.

Parátipo: CAS/MBRC/410, 18 cm SL, Índia, costa leste, Nagapattinam, 10°45'7.98" N, 79°53'23.97 "E; A. Arockiamary; agosto, 2008.

Diagnóstico

Um total de 42 espécimes desta espécie foram recolhidos em Puducherry, Parangipettai e Nagapattinam em 2008 e 2009. As descrições acima concordam bem com as de Whitehead (1985). Os valores da média, do erro padrão, da meadiana, da moda e do desvio padrão relativos a 12 caracteres são apresentados no quadro 25. O erro padrão e o desvio padrão foram: 0,128 e 0,829; 0,035 e 0,229; 0,053 e 0,344; 0,012 e 0,081; 0,014 e 0,089; 0,027 e 0,174; 0,039 e 0,256; 0,173 e 1,122;

0,275 e 1,783; 0,000 e 0,000; 3,907 e 25,322; 0,124 e 0,805, para o comprimento padrão, profundidade do corpo, comprimento da cabeça, diâmetro do olho, comprimento da barbatana peitoral, distância pré-dorsal, distância pré-pélvica, raios da barbatana dorsal, raios da barbatana anal, raios da barbatana pélvica, brânquias inferiores e escamas totais, respetivamente. Estudos sobre a taxonomia e a descrição (Whitehead, 1985; Fishbase, 2009) e a taxa de captura de juvenis (Sheriff *et al.*, 2010).

Descrição

O corpo era alongado. O número total de escamas era de 31 a 34. As brânquias inferiores eram de 70 a 166. O corpo era azul esverdeado, os flancos prateados. Os raios da barbatana peitoral superior são brancos no lado exterior, a membrana entre eles é preta, a barbatana caudal é cinzenta e as suas pontas são quase pretas. Sem mancha negra na parte posterior da cobertura branquial (Fig. 27). A análise estatística dos caracteres morfométricos e merísticos é apresentada na tabela 24. Comprimento padrão 16,2-18,7 cm, profundidade do corpo 3,2-3,9 cm, comprimento da cabeça 2,9-3,9 cm, diâmetro do olho 0,6-0,8 cm, comprimento da barbatana peitoral 1,7-2,0 cm, distância pré-dorsal 4,6-5,1 cm e distância pré-pélvica 4,9-5,8 cm. Raios da barbatana dorsal 19-22, raios da barbatana pélvica 7, raios da barbatana anal 16-21, brânquias inferiores 82-154 e escamas totais 31-33.

Distribuição geográfica

Argélia; Angola; Benim; Camarões; Chipre; Egito; Gabão; Gâmbia; Gana; Gibraltar; Grécia; Guiné; Israel; Guiné; Israel; Itália; Líbano; Libéria; Líbia; Malta; Mauritânia; Marrocos; Namíbia; Nigéria; Portugal; Senegal; Espanha; Síria; Togo; Tunísia; Turquia e Sara Ocidental.

Tabela 25. Desvio-padrão e erro-padrão dos caracteres morfométricos e merísticos de *Sardinella maderensis*

Parâmetros	Média	Erro Std.	Mediana	Modo	Desvio Std. Desvio
Comprimento padrão	17.287	0.128	17	16	0.829
Profundidade do corpo	3.614	0.035	4	4	0.229
Comprimento da cabeça	3.450	0.053	4	4	0.344
Diâmetro do olho	0.729	0.012	1	1	0.081
Comprimento da barbatana peitoral	1.893	0.014	2	2	0.089
Distância pré-dorsal	4.836	0.027	5	5	0.174
Distância pré-pélvica	5.250	0.039	5	5	0.256
Raios da barbatana dorsal	20.643	0.173	21	21	1.122
Raios da barbatana anal	19.429	0.275	20	21	1.783
Raios da barbatana pélvica	7.000	0.000	7	7	0.000
Brânquias inferiores	130.286	3.907	139	154	25.322
Total de escudos	32.286	0.124	33	33	0.805

Sardinella melanura (Cuvier, 1829) (Fig. 28; Quadro 26)

Fig. 28. ***Sardinela melanura***

Espécie-tipo

Holótipo : CAS/MBRC/487, 11 cm SL, Índia, costa leste, Nagapattinam, 10°45'7.98" N, 79°53'23.97" E; A. Arockiamary; novembro, 2008.

Parátipo: CAS/MBRC/528, 12,5 cm SL, Índia, costa leste, Puducherry, 11°48'24.29" N, 79°48'1.42" E; A. Arockiamary; dezembro, 2008.

Diagnóstico

Um total de 48 espécimes desta espécie foram recolhidos em Puducherry, Parangipettai e Nagapattinam em 2008 e 2009. Os materiais examinados confirmam bem a descrição anterior de Whitehead (1985). A média, o erro-padrão, a meadiana, a moda e o desvio-padrão relativos a 11 caracteres são apresentados no quadro 26. O erro padrão e o desvio padrão foram: 0,145 e 1,008; 0,028 e 0,197; 0,026 e 0,179; 0,016 e 0,113; 0,022 e 0,149; 0,029 e 0,204; 0,093 e 0,0643; 0,121 e 0,836; 0,246 e 1,703; 1,400 e 9,700; 0,163 e 1.130, para o comprimento padrão, a profundidade do corpo, o comprimento da cabeça, o diâmetro dos olhos, o comprimento da barbatana peitoral, a distância pré-dorsal, a distância pré-pélvica, os raios da barbatana dorsal, os raios da barbatana anal, as brânquias e as escamas, respetivamente. Estudos sobre a taxonomia e a descrição (Whitehead, 1985; Fishbase, 2009).

Descrição

Corpo comprimido. A profundidade do corpo é geralmente inferior a 30% do comprimento padrão. As pontas caudais pretas a jato são distintas de todas as outras espécies. O número total de escamas variou de 32 a 35. As escamas são fimbriadas com pequenas perfurações. Lado dorsal cinzento, prateado nos flancos. As extremidades caudais são de cor preta. A cor do corpo é distinta, com uma mancha preta no bordo posterior da cobertura branquial (Fig. 28). A análise estatística dos caracteres morfométricos e merísticos é apresentada na tabela 26. Comprimento padrão 10,5-13,8 cm, profundidade do corpo 3,2-3,8 cm, comprimento da cabeça 3,3-3,8 cm, diâmetro do olho 0,4-0,7 cm, comprimento da barbatana peitoral 1,8-2,2 cm, distância pré-dorsal 3,54,1 cm e distância pré-pélvica 4,1-6,2 cm. Raios da barbatana dorsal 16-18, raios da barbatana anal 17-22, brânquias inferiores 41-72 e escamas totais 32-35.

Distribuição geográfica

Pacífico Indo-Oeste (Oceano Índico Ocidental do Golfo de Aden para sul até Madagáscar e Maurícia, aparentemente não a sul de Bombaim nem a norte da Baía de Bengala; Indonésia; não Mar da China Meridional; para leste até Samoa); Austrália; Fiji; Indonésia; Irão; Japão; Quénia; Kuwait; Malásia; Maldivas; Moçambique; Omã; Paquistão; Filipinas; Reunião; Ilhas Salomão; Somália; Taiwan; Tanzânia; Tailândia; Tonga; Vanuatu; Vietname; Iémen e costa sudeste da Índia no presente estudo.

Tabela 26. Desvio-padrão e erro-padrão dos caracteres morfométricos e merísticos de *Sardinella melanura*

Parâmetros	Média	Erro Std.	Mediana	Modo	Desvio Std. Desvio
Comprimento padrão	12.056	0.145	12	11	1.008
Profundidade do corpo	3.494	0.028	4	4	0.197
Comprimento da cabeça	3.556	0.026	4	3	0.179
Diâmetro do olho	0.550	0.016	1	0	0.113
Comprimento da barbatana peitoral	1.994	0.022	2	2	0.149
Distância pré-dorsal	3.775	0.029	4	4	0.204
Distância pré-pélvica	5.194	0.093	5	4	0.643
Raios da barbatana dorsal	16.938	0.121	17	16	0.836
Raios da barbatana anal	19.688	0.246	20	22	1.703
Desfolhadores	56.000	1.400	56	41	9.700
Escudos	33.500	0.163	34	32	1.130

Sardinella sindensis (Day, 1878) (Fig. 29; Quadro 27)

Fig. 29. ***Sardinha-verdadeira (Sardinella sindensis)***

Espécie-tipo

Holótipo : CAS/MBRC/590, 14 cm SL, Índia, costa leste, Nagapattinam, 10°45'7.98" N, 79°53'23.97" E; A. Arockiamary; fevereiro, 2009.

Parátipo: CAS/MBRC/642, 15.8 cm SL, Índia, costa leste, Parangipettai, 11°29'10.29 "N, 79°47'40.47 "E; A. Arockiamary; março, 2009.

Diagnóstico

Um total de 48 espécimes desta espécie foram recolhidos em Puducherry, Parangipettai e Nagapattinam em 2008 e 2009. Os materiais examinados confirmam bem a descrição anterior de Whitehead (1985). Os valores da média, do erro padrão, da meadiana, da moda e do desvio padrão relativos a 11 caracteres são apresentados no quadro 27. O erro padrão e o desvio padrão foram: 0,140 e 0,973; 0,036 e 0,250; 0,036 e 0,250; 0,012 e 0,084; 0,021 e 0,147; 0,042 e 0,292; 0,036 e 0,250; 0,121 e 0,836; 0,073 e 0,505; 1,707 e 11,829; 0,163 e 1.130, para o comprimento padrão, a profundidade do corpo, o comprimento da cabeça, o diâmetro dos olhos, o comprimento da barbatana peitoral, a distância pré-dorsal, a distância pré-pélvica, os raios da barbatana dorsal, os raios da barbatana anal, as brânquias inferiores e as escamas, respetivamente. Estudos sobre a taxonomia e a descrição (Whitehead, 1985; Fishbase, 2009).

Descrição

Corpo moderadamente delgado. Estrias verticais na escama que não se encontram no centro, apenas algumas perfurações na parte posterior da escama (Fig. 29). O lado dorsal do corpo era azul e os flancos prateados. A análise estatística dos caracteres morfométricos e merísticos é apresentada no quadro 26. Comprimento padrão 13,8-16,9 cm, profundidade do corpo 3,5-4,3 cm, comprimento da cabeça 3,1-3,9 cm, diâmetro do olho 0,7-0,9 cm, comprimento da barbatana peitoral 1,9-2,3 cm, distância pré-dorsal 4,8-5,7 cm e distância pré-pélvica 5,1-5,9 cm. Raios da barbatana dorsal 17-19, raios da barbatana anal 19-20, brânquias inferiores 38-77 e escamas totais 31-34.

Distribuição geográfica

Pacífico Indo-Ocidental (Mar Arábico, do Golfo de Aden ao Golfo e Bombaim); Barém; China; Hong Kong; Irão; Iraque; Kuwait; Omã; Maurícia; Paquistão; Qatar; Arábia Saudita; Somália; Taiwan; Vietname e Iémen.

Tabela 27. Desvio-padrão e erro-padrão dos caracteres morfométricos e merísticos de *Sardinella sindensis*

Parâmetros	Média	Erro Std.	Mediana	Modo	Desvio Std. Desvio
Comprimento padrão	15.363	0.140	15	14	0.973
Profundidade do corpo	3.938	0.036	4	4	0.250
Comprimento da cabeça	3.538	0.036	4	3	0.250
Diâmetro do olho	0.794	0.012	1	1	0.084
Comprimento da barbatana peitoral	2.088	0.021	2	2	0.147
Distância pré-dorsal	5.288	0.042	5	5	0.292
Distância pré-pélvica	5.538	0.036	6	5	0.250
Raios da barbatana dorsal	17.938	0.121	18	17	0.836
Raios da barbatana anal	19.500	0.073	20	19	0.505
Brânquias inferiores	57.500	1.707	56	54	11.829
Escudos	32.500	0.163	33	31	1.130

Sardinella tawilis (Herre, 1927) (Fig. 30; Quadro 28)

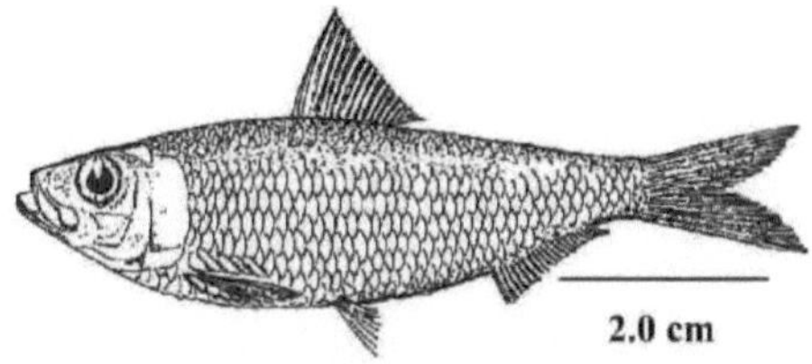

Fig. 30. ***Sardinha-verdadeira***

Espécie-tipo

Holótipo : CAS/MBRC/495, 8,5 cm SL, Índia, costa leste, Puducherry, 11°48'24.29" N, 79°48'1.42" E; A. Arockiamary; novembro, 2008.

Parátipo: CAS/MBRC/537, 11 cm SL, Índia, costa leste, Parangipettai, 11°29'10.29 "N, 79°47'40.47 "E; A. Arockiamary; janeiro, 2009.

Diagnóstico

Um total de 44 espécimes desta espécie foram recolhidos em Puducherry, Parangipettai e Nagapattinam em 2008 e 2009. As descrições acima concordam bem com as de Whitehead (1985). *A Sardinella tawilis* era anteriormente designada por *Harengula tawilis*, que foi mais tarde redescrita por Wongratana (1980) como *Sardinella tawilis* e incluída na lista das 18 espécies de *Sardinella* da região do Indo-Pacífico. Esta espécie foi identificada e confirmada por V. Ramaiyan, antigo professor e diretor de biologia das pescas CAS em Biologia Marinha, Universidade de Annamalai, Parangipettai, Índia. Os valores da média, do erro padrão, da média, da moda e do desvio padrão relativos a 11 caracteres são apresentados no quadro 28. O erro padrão e o desvio padrão foram: 0,162 e 1,076; 0,032 e 0,210; 0,035 e 0,232; 0,007 e 0,049; 0,021 e 0,139; 0,070 e 0,466; 0,070 e 0,466; 0,127 e 0,843; 0,076 e 0,504; 0,498 e 3,303; 0,121 e 0.803, para o comprimento padrão, profundidade do corpo, comprimento da cabeça, diâmetro do olho, comprimento da barbatana peitoral, distância pré-dorsal, distância pré-pélvica, raios da barbatana dorsal, raios da barbatana anal, brânquias inferiores e escamas totais, respetivamente. Esta espécie é registada pela primeira vez em águas indianas. Estudos sobre a taxonomia e a descrição (Whitehead, 1985; Fishbase, 2009).

Descrição

Corpo esguio. Dorsal azul e flancos prateados (Fig. 30). Sem marcas escuras na barbatana dorsal ou caudal. A análise estatística dos caracteres morfométricos e merísticos é apresentada na tabela 27. Comprimento padrão 8,2-11,7 cm, profundidade do corpo 2,8-3,4 cm, comprimento da cabeça 2,93,6 cm, diâmetro do olho 0,6-0,7 cm, comprimento da barbatana peitoral 1,5-1,9 cm, distância pré-dorsal 4,1-5,6 cm e distância pré-pélvica 4,2-5,7 cm. Raios da barbatana dorsal 16-18, raios da barbatana anal 18-19, brânquias inferiores 61-71 e escamas totais 28-30.

Distribuição geográfica

Filipinas (Lago Bomban, Luzon) e costa sudeste da Índia pelo presente estudo.

Tabela 28. Desvio-padrão e erro-padrão dos caracteres morfométricos e merísticos de *Sardinella tawilis*

Parâmetros	Média	Erro Std.	Mediana	Modo	Desvio Std. Desvio
Comprimento padrão	9.705	0.162	10	8	1.076
Profundidade do corpo	3.068	0.032	3	3	0.210
Comprimento da cabeça	3.182	0.035	3	3	0.232
Diâmetro do olho	0.636	0.007	1	1	0.049
Comprimento da barbatana peitoral	1.655	0.021	2	2	0.139
Distância pré-dorsal	4.714	0.070	5	4	0.466
Distância pré-pélvica	4.814	0.070	5	4	0.466
Raios da barbatana dorsal	16.818	0.127	17	16	0.843
Raios da barbatana anal	18.455	0.076	18	18	0.504
Brânquias inferiores	66.136	0.498	66	70	3.303
Total de escudos	28.773	0.121	29	28	0.803

Género *Spratelloides* Bleeker, 1851

Os peixes de tamanho pequeno ou moderado distinguem-se imediatamente de todos os outros clupeídeos pela ausência de escamas abdominais. A ausência de escamas abdominais é a principal caraterística de identificação no género *Spratelloides*. O número de branquistegias foi reduzido, variando entre 6 e 7 em *Spratelloides*. Além disso, um escudo em forma de W está inserido entre as barbatanas pélvicas. A pré-maxila tem uma forma triangular. As barbatanas pélvicas estão inseridas sob a base da barbatana dorsal. As barbatanas anais estão inseridas verticalmente, muito atrás da barbatana dorsal. Durante o presente estudo, foram registadas *as espécies Dussumieria acuta* e *Dussumieria elopsoides*. No total, foram registadas quatro espécies de *Spratelloides* no presente estudo: *Spratelloides leweisi*,

Spratelloides, *Spratelloides gracilis* e *Spratelloides delicatulus*. Existe muito pouca informação disponível sobre os membros do género *Spratelloides*. Dalzell (1986) estudou que *os Spratelloides* estavam amplamente distribuídos ao longo das costas tropicais e subtropicais da região do Indo-Pacífico. Do mesmo modo, Milton *et al.* (1996) observaram que a variabilidade inter-anual em alguns meses era bastante elevada nas Ilhas Salomão.

Spratelloides delicatulus (Bennett, 1831) (Fig. 31; Quadro 29)

Fig. 31. ***Spratelloides delicatulus***

Espécie-tipo

Holótipo : CAS/MBRC/608, 15.5 cm SL, Índia, costa leste, Puducherry, 11°48'24.29" N, 79°48'1.42" E; A. Arockiamary; fevereiro, 2009.

Parátipo: CAS/MBRC/673, 21,7 cm SL, Índia, costa leste, Nagapattinam, 10°45'7.98" N, 79°53'23.97 "E; A. Arockiamary; março, 2009.

Diagnóstico

Um total de 43 espécimes desta espécie foram recolhidos em Puducherry, Parangipettai e Nagapattinam em 2008 e 2009. As descrições acima concordam bem com as de Whitehead (1985). Esta espécie foi identificada e confirmada por V. Ramaiyan, antigo professor e diretor de biologia das pescas CAS em Biologia Marinha, Universidade de Annamalai, Parangipettai, Índia. Os valores da média, do erro padrão, da média, da moda e do desvio padrão relativos a 12 caracteres são apresentados no quadro 29. O erro padrão e o desvio padrão foram: 0,359 e 2,355; 0,031 e 0,203; 0,015 e 0,096; 0,008 e 0,049; 0,020 e 0,129; 0,039 e 0,257; 0,050 e 0,327; 0,117 e 0,766; 0,111 e 0,728; 0,113 e 0,742; 0,000 e 0,000; 0,166 e 1.091 para o comprimento padrão, profundidade do corpo, comprimento da cabeça, diâmetro do olho, comprimento da barbatana peitoral, distância pré-dorsal, distância pré-pélvica, raios da barbatana dorsal, raios da barbatana anal, raios da barbatana peitoral, raios da barbatana pélvica e brânquias inferiores, respetivamente. Este é o primeiro registo da costa oriental da Índia. Revisão (Whitehead, 1973b), padrões temporais e espaciais (Milton *et al.*, 1996), ultra-estrutura do esperma (Gwo *et al.*, 2006) e taxonomia e descrição (Whitehead, 1985; Fishbase, 2009).

Descrição

Corpo subcilíndrico, ventre arredondado e liso, sem uma quilha de escudos (exceto o escudo pélvico em forma de W). Barbatana dorsal aproximadamente a meio do corpo, barbatana pélvica abaixo da base da barbatana dorsal. Sem banda prateada brilhante ao longo dos flancos. Segunda supra-maxila em forma de pá. Estrias verticais nas escamas transversais e contínuas. A cor do corpo é azul-esverdeada na parte dorsal e prateada nos flancos (Fig. 31). A análise estatística dos caracteres morfométricos e merísticos é apresentada na tabela 28. Comprimento padrão 15,4-22,4 cm, profundidade do corpo 3,5-5,0 cm, comprimento da cabeça 3,1-3,4 cm, diâmetro do olho 0,8-0,9 cm, comprimento da barbatana peitoral 1,6-2 cm, distância pré-dorsal 7,2-7,9 cm, distância pré-pélvica 7,5-8,4 cm. Raios da barbatana dorsal 12-14, raios da barbatana anal 9-11 e brânquias inferiores 27-30.

Distribuição geográfica

Indo-Pacífico; do Oceano Índico ocidental (Mar Vermelho a sul de Durban, também Madagáscar e Maurícia) ao Pacífico ocidental (Japão a sul através das Filipinas até ao norte da Austrália, também para leste até às Ilhas da Sociedade; mas não Ilhas Tuamotu e Marquesas). Um único espécime do Mediterrâneo oriental (Tel-Aviv; Israel); Samoa Americana; Bangladeche; Camboja; China; Ilha dos Cocos; Jibuti; Egito; Eritreia; Fiji; Havai; Hong Kong; Indonésia; Irão; Israel; Japão; Jordânia; Quénia; Kiribati; Malásia; Maldivas; Ilha Marshall; Maurícia; Micronésia; Moçambique; Myanmar; Nova Caledónia; Omã; Paquistão; Samoa; Arábia Saudita; Singapura; Ilhas Salomão; Somália; África do Sul; Sri Lanka; Sudão; Taiwan; Tanzânia; Tuvalu; Tokelau; Tailândia; Tonga; Vietname; Vanuatu; Iémen e costa sudeste da Índia pelo presente estudo.

Tabela 29. Desvio padrão e erro padrão para caracteres morfométricos e merísticos de *Spratelloides delicatulus*

Parâmetros	Média	Erro Std.	Mediana	Modo	Desvio Std. Desvio
Comprimento padrão	18.640	0.359	19	16	2.355
Profundidade do corpo	3.719	0.031	4	4	0.203
Comprimento da cabeça	3.181	0.015	3	3	0.096
Diâmetro do olho	0.840	0.008	1	1	0.049
Comprimento da barbatana peitoral	1.735	0.020	2	2	0.129
Distância pré-dorsal	7.498	0.039	7	7	0.257
Distância pré-pélvica	7.849	0.050	8	8	0.327

Raios da barbatana dorsal	12.721	0.117	13	12	0.766
Raios da barbatana anal	10.395	0.111	11	11	0.728
Raios da barbatana peitoral	16.209	0.113	16	16	0.742
Raios da barbatana pélvica	8.000	0.000	8	8	0.000
Brânquias inferiores	29.000	0.166	29	29	1.091

Spratelloidesgracilis (Temminck & Schlegel, 1846) (Fig. 32; Tabela 30)

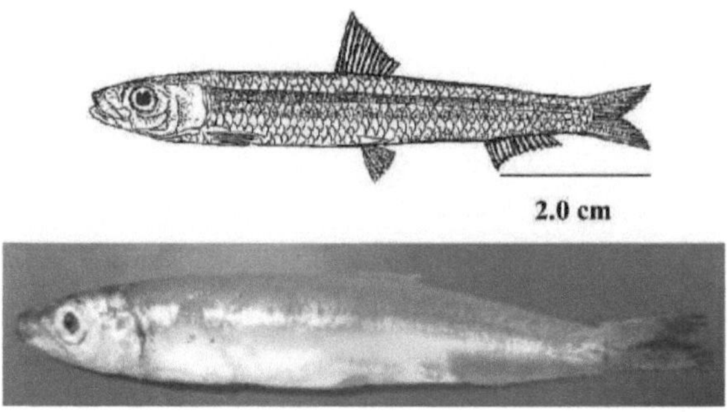

Fig. 32. ***Spratelloides gracilis***

Espécie-tipo

Holótipo : CAS/MBRC/273, 16 cm SL, Índia, costa leste, Parangipettai, 11°29'10.29 "N, 79°47'40.47 "E; A. Arockiamary; abril, 2008.

Parátipo: CAS/MBRC/311, 22 cm SL, Índia, costa leste, Puducherry, 11°48'24.29" N, 79°48'1.42" E; A. Arockiamary; maio, 2008.

Diagnóstico

Um total de 38 espécimes desta espécie foram recolhidos em Puducherry, Parangipettai e Nagapattinam durante 2008 e 2009. Os materiais examinados confirmam a descrição anterior de Whitehead (1985). Esta espécie foi confirmada por Ramaiyan, antigo diretor e professor de biologia das pescas, CAS em Biologia Marinha, Universidade de Annamalai, Parangipettai, Índia. A média, o erro padrão, a meadiana, a moda e o desvio padrão relativos a 11 caracteres são apresentados no quadro 30. O erro padrão e o desvio padrão foram: 0,395 e 2,434; 0,029 e 0,180; 0,012 e 0,075; 0,022 e 0,136; 0,060 e 0,368; 0,056 e 0,344; 0,016 e 0,097; 0,082 e 0,504; 0,000 e 0,000; 0,082 e 0,507; 0,169 e 1.044, para o comprimento padrão, comprimento da cabeça, diâmetro dos olhos, comprimento da barbatana peitoral, distância pré-dorsal, distância pré-pélvica, profundidade do corpo, raios da barbatana dorsal, raios da barbatana pélvica, raios da barbatana anal e brânquias, respetivamente. Esta espécie é registada pela primeira vez na costa leste da Índia. Revisão (Whitehead, 1973b), diagnóstico-chave (Wongratana, 1980), biologia reprodutiva (Dalzell, 1985; Weng *et al.*, 2005), padrões temporais e espaciais (Milton *et al.*, 1996), estudos de comunidades de peixes (Suda *et al.*, 2002), ultraestrutura do esperma (Gwo *et al.*, 2006), maturação e desova (Shirafuji *et al.*, 2007) e taxonomia e descrição (Whitehead, 1985; Fishbase, 2009).

Descrição

Corpo esguio, ventre arredondado e liso sem uma quilha de escudos (exceto o escudo pélvico em forma de W). Barbatana dorsal posicionada aproximadamente a meio do corpo, barbatana pélvica abaixo da base da barbatana dorsal. Corpo esguio, com uma risca prateada distinta ao longo dos flancos. A segunda supra-maxila é assimétrica. As estrias verticais das escamas não se encontram no centro. A cor do corpo é azul-esverdeada na parte dorsal e prateada nos flancos, com uma risca prateada distinta ao longo dos flancos (Fig. 32). A análise estatística dos caracteres morfométricos e merísticos é apresentada no quadro 29.

Comprimento padrão 15,8-22,7 cm, profundidade do corpo 3,9-4,2 cm, comprimento da cabeça 3,2-3,8 cm, diâmetro dos olhos 0,8-1 cm, comprimento da barbatana peitoral 1,7-2,1 cm, distância pré-dorsal 7,0-8,1 cm e distância pré-pélvica 7,2-8,2 cm. Raios da barbatana dorsal 12-13, raios da barbatana anal 12-13, raios da barbatana peitoral 14-17, raios da barbatana pélvica 8, brânquias inferiores 29-32 e raios branquiais 7.

Distribuição geográfica

Indo-Pacífico; do Oceano Índico ocidental (Mar Vermelho a sul de Zanzibar) ao Pacífico ocidental (Japão a sul através das Filipinas até Samoa); Ilha Marques; mas reaparece nas Ilhas Tuamotu; sudeste da Austrália; também ao largo da Austrália ocidental; Bangladesh; Camboja; China; Djibuti; Egito; Eritreia; Fiji; Hong Kong; Indonésia; Irão; Israel; Japão; Jordânia; Quénia; Kiribati; Coreia; Malásia; Maldivas; Ilha Marshall; Moçambique; Myanmar; Nova Caledónia; Omã; Paquistão; Palau; Filipinas; Samoa; Arábia Saudita; Singapura; Ilha Salomão; Somália; Sri Lanka; Sudão; Taiwan; Tanzânia; Tailândia; Tonga; Vietname; Vanuatu; Iémen e costa sudeste da Índia, segundo o presente estudo.

Tabela 30. Desvio padrão e erro padrão para caracteres morfométricos e merísticos de *Spratelloides gracilis*

Parâmetros	Média	Erro Std.	Mediana	Modo	Desvio Std. Desvio
Comprimento padrão	18.497	0.395	18	16	2.434
Comprimento da cabeça	3.418	0.029	3	3	0.180
Diâmetro do olho	0.876	0.012	1	1	0.075

Comprimento da barbatana peitoral	1.834	0.022	2	2	0.136
Distância pré-dorsal	7.471	0.060	7	7	0.368
Distância pré-pélvica	7.592	0.056	7	7	0.344
Profundidade do corpo	4.008	0.016	4	4	0.097
Raios da barbatana dorsal	12.447	0.082	12	12	0.504
Raios da barbatana pélvica	8.000	0.000	8	8	0.000
Raios da barbatana anal	12.500	0.082	13	12	0.507
Desfolhadores	29.868	0.169	30	29	1.044

Género *Tenualosa* Fowler, 1934

Os peixes são de tamanho médio a grande, com corpo alongado e comprimido. A quilha de escamas está inserida ao longo do ventre. O topo da cabeça não apresenta mais estrias longitudinais ou estrias frontoparietais. As barbatanas branquiais são finas e numerosas. As barbatanas anais são curtas e inserem-se bem atrás da barbatana dorsal. Os raios da barbatana pélvica são 7. As escamas são moderadas, com 37 a 47 escamas dispostas lateralmente numa série. A parte posterior da escama não foi perfurada. Durante o presente estudo, foi distinguida uma única espécie, *Tenualosa toil.*

Tenualosa ilisha (Hamilton-Buchanan, 1822) (Fig. 33; Tabela 31)

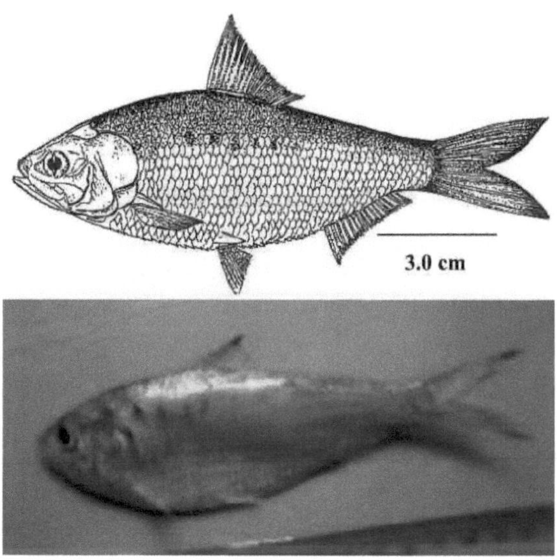

Fig. 33. *Tenualosa ilisha*

Espécie-tipo

Holótipo: CAS/MBRC/418, 17.3 cm SL, Índia, costa leste, Nagapattinam, 10°45'7.98" N, 79°53'23.97 "E; A. Arockiamary; agosto, 2008.

Parátipo: CAS/MBRC/638, 21,5 cm SL, Índia, costa leste, Parangipettai, 11°29'10.29 "N, 79°47'40.47 "E; A. Arockiamary; março, 2009.

Diagnóstico

Um total de 36 espécimes desta espécie foram recolhidos em Puducherry, Parangipettai e Nagapattinam em 2008 e 2009. Os espécimes actuais concordam bem com a descrição anterior dada por Whitehead (1985). Os valores da média, erro padrão, meadiana, moda e desvio padrão relativos a 12 caracteres são apresentados no quadro 31. O erro padrão e o desvio padrão foram: 0,487 e 2,922; 0,019 e 0,113; 0,058 e 0,350; 0,029 e 0,173; 0,014 e 0,083; 0,121 e 0,725; 0,173 e 1,036; 0,138 e 0,828; 0,085 e 0,507; 0,237 e 1,424; 0,289 e 1,732; 0,176 e 1.056, para o comprimento padrão, profundidade do corpo, comprimento da cabeça, diâmetro do olho, comprimento da barbatana peitoral, distância predorsal, distância pré-pélvica, raios da barbatana dorsal, raios da barbatana anal, raios da barbatana peitoral, brânquias inferiores e escamas, respetivamente. Estudos sobre a bionómica (Chacko e Ganapati, 1949), taxonomia e descrição (Ramaiyan, 1975; Whitehead, 1985; Arockiamary, 2004; Fishbase, 2009), desova e fecundidade (Quddus *et al.*, 1984), pesca, biologia e exploração (Reuben *et al*, 1992), crescimento e mortalidade (Miah *et al.*, 1997), marcação (De *et al.*, 1998), alterações químicas durante o armazenamento no gelo (Uddin *et al.*, 1999), avaliação das unidades populacionais (Nurul Amin *et al.*, 2004) e exame dos otólitos (Rahman e Cowx, 2006).

Descrição

Corpo fusiforme, moderadamente profundo e comprimido. Cabeça pontiaguda. O focinho é tão longo como o olho. A origem ventral foi observada abaixo da metade da dorsal. A parte anal começa atrás da dorsal. Caudal profundamente bifurcada. Superfície dorsal da cabeça coberta por pele espessa, sem área estriada frontoparietal. Presença de maxilar superior com entalhe mediano. As brânquias são muito finas e numerosas. Preto azulado escuro no dorso, prateado nos lados do ventre no espécime vivo, uma mancha preta atrás da cobertura branquial, seguida de uma série de manchas ao longo do flanco (Fig. 33). A análise estatística dos caracteres morfométricos e merísticos é apresentada na tabela 12. Comprimento padrão 16,5-25,9 cm, profundidade do corpo 6,8-7,1 cm, comprimento da cabeça 5,8-6,8 cm, diâmetro do olho 0,6-1,1 cm, comprimento da barbatana peitoral 1,8-2,0 cm, distância pré-dorsal 6,3-8,6 cm, distância pré-pélvica 6,2-9,4 cm e distância pré-anal 9,2-10,1 cm. Raios da barbatana dorsal 19-21, raios da barbatana peitoral 15-19, raios da barbatana anal 20-21, brânquias inferiores 123-128 e escamas totais 30-33.

Distribuição geográfica

Tigre; Golfo Pérsico; Paquistão; Índia; Barém; China; Bangladesh; Irão; Irão; Kuwait; Myanmar; Omã; Qatar; Arábia Saudita; Sri Lanka e Vietname.

Tabela 31. Desvio padrão e erro padrão para caracteres morfométricos e merísticos de *Tenualosa ilisha*

Parâmetros	Média	Erro Std.	Mediana	Modo	Desvio Std. Desvio
Comprimento padrão	20.683	0.487	20	17	2.922
Profundidade do corpo	6.950	0.019	7	7	0.113
Comprimento da cabeça	6.350	0.058	6	6	0.350
Diâmetro do olho	0.850	0.029	1	1	0.173
Comprimento da barbatana peitoral	1.900	0.014	2	2	0.083
Distância pré-dorsal	7.417	0.121	7	6	0.725
Distância pré-pélvica	7.658	0.173	8	6	1.036
Raios da barbatana dorsal	20.000	0.138	20	19	0.828
Raios da barbatana anal	20.500	0.085	21	20	0.507
Raios da barbatana peitoral	16.833	0.237	17	15	1.424
Brânquias inferiores	125.500	0.289	126	123	1.732
Escudos	31.500	0.176	32	32	1.056

Tenualosa toli (Valenciennes, 1847) (Fig. 34; Quadro 32)

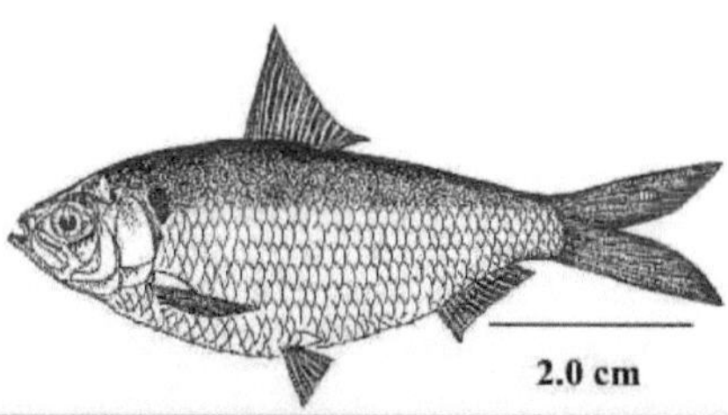

Fig. 34. *Tenualosa toli*

Espécie-tipo

Holótipo : CAS/MBRC/466, 18 cm SL, Índia, costa leste, Parangipettai, 11°29'10.29 "N, 79°47'40.47 "E; A. Arockiamary; outubro, 2008.

Parátipo: CAS/MBRC/490, 25 cm SL, Índia, costa leste, Puducherry, 11°48'24.29" N, 79°48'1.42" E; A. Arockiamary; novembro, 2008.

Diagnóstico

Um total de 36 espécimes desta espécie foram recolhidos em Puducherry, Parangipettai e Nagapattinam em 2008 e 2009. A presente descrição coincide bem com a descrição anterior efectuada por Whitehead (1985). Os valores da média, do erro padrão, da meadiana, da moda e do desvio padrão relativos a 13 caracteres são apresentados no quadro 32. O erro padrão e o desvio padrão foram: 0,490 e 2,939; 0,035 e 0,210; 0,065 e 0,389; 0,033 e 0,196; 0,019 e 0,113; 0,126 e 0,753; 0,187 e 1,121; 0,138 e 0,828; 0,085 e 0,507; 0,085 e 0,507; 1,375 e 8,248; 0,468 e 2.808, para o comprimento padrão, profundidade do corpo, comprimento da cabeça, diâmetro do olho, comprimento da barbatana peitoral, distância predorsal, distância pré-pélvica, raios da barbatana dorsal, raios da barbatana anal, raios da barbatana peitoral, raios da barbatana pélvica, brânquias inferiores e escamas, respetivamente. Estudos sobre a taxonomia e a descrição (Ramaiyan, 1975; Whitehead, 1985; Fishbase, 2009).

Descrição

O corpo era moderadamente profundo e comprimido. O maxilar superior apresentava um entalhe mediano distinto. O topo da cabeça não apresentava numerosas estrias longitudinais. As brânquias eram cerca de 60 a 100. O corpo era preto azulado no dorso, prateado nos lados do ventre no espécime vivo, com uma mancha preta atrás da cobertura branquial (Fig. 34). A análise estatística dos caracteres morfométricos e merísticos é apresentada na tabela 32. Comprimento padrão 18,5-27,4 cm, profundidade do corpo 6,9-7,5 cm, comprimento da cabeça 5,9-7,2 cm, diâmetro do olho 0,6-1,2 cm, comprimento da barbatana peitoral 1,8-2,1 cm, distância pré-dorsal 6,5-8,9 cm, distância pré-pélvica 6,3-9,9 cm e distância pré-anal 9,5-10,9 cm. Raios da barbatana dorsal 20-22, raios da barbatana peitoral 16-17, raios da barbatana pélvica 14, raios da barbatana anal 23-24, brânquias inferiores 60-88 e escamas totais 20-28.

Distribuição geográfica

Tigre; Golfo Pérsico; Paquistão; Índia; China; Bangladesh; Camboja; Hong Kong; Indonésia; Malásia; Maurícia; Sri Lanka; Taiwan e Tailândia.

Tabela 32. Desvio padrão e erro padrão para caracteres morfométricos e merísticos de *Tenualosa toli*

Parâmetros	Média	Erro Std.	Mediana	Modo	Desvio Std. Desvio
Comprimento padrão	22.425	0.490	22	19	2.939
Profundidade do corpo	7.217	0.035	7	7	0.210
Comprimento da cabeça	6.558	0.065	7	6	0.389
Diâmetro do olho	0.933	0.033	1	1	0.196
Comprimento da barbatana peitoral	1.950	0.019	2	2	0.113
Distância pré-dorsal	7.675	0.126	8	7	0.753
Distância pré-pélvica	7.783	0.187	8	6	1.121
Raios da barbatana dorsal	21.000	0.138	21	20	0.828
Raios da barbatana anal	23.500	0.085	24	23	0.507
Raios da barbatana peitoral	16.500	0.085	17	16	0.507
Raios da barbatana pélvica	14.000	0.000	14	14	0.000
Brânquias inferiores	72.833	1.375	73	60	8.248
Escudos	24.000	0.468	24	20	2.808

Família Pristigasteridae

Os peixes desta família têm um corpo moderado e alongado, comprimido e profundo. Uma série de escudos foram inseridos ao longo do abdómen. A boca é terminal, com a mandíbula inferior projectada para além da superior, com duas supramaxilas. Em alguns géneros, existe um osso hipomaxilar dentado que une a extremidade posterior da pré-maxila à lâmina da maxila. Placas dentárias fundidas ao segundo basibranquial e a um ou mais pares de hipobranquiais, especialmente os segundos pares. Presença de pálpebras adiposas com uma abertura vertical larga no meio. Uma única barbatana dorsal mais curta está inserida perto do ponto médio do corpo. Ausência de espinhos nas barbatanas dorsal e anal. A barbatana peitoral é moderada. As barbatanas pélvicas são pequenas, com 6 ou 7 raios, mas estão ausentes em alguns géneros. A barbatana anal é longa, com pelo menos 30 raios, mas nalgumas outras espécies varia entre 60 ou mais. A barbatana caudal é bifurcada. As escamas são ciclóides e sem estrias posteriores, sem linha lateral. A cor do corpo é azul-esverdeada na parte dorsal e prateada nos flancos. *lisha* e *Pellona são* dois géneros que se distinguem nas áreas de estudo actuais.

Distribuição geográfica

Tanto a família como o género são endémicos da Índia.

Classificação

Filo : Chordata

Subfilo : Vertebrados

Super classe : Gnathostomata

Classe : Osteichthyes

Encomendar : Clupeiformes

Subordem : Clupeoidei

Família : Pristigasteridae

Géneros : *Ilisha* e *Pellona*

Género *Ilisha* Richardson, 1846

Os peixes de *Ilisha* são peixes de tamanho moderado com corpo alongado e comprimido. A quilha de escamas está presente ao longo do ventre. Estes peixes têm olhos comparativamente maiores do que os de outros clupeiformes. A boca é dirigida obliquamente para cima e o maxilar superior atinge, no máximo, o centro dos olhos. Ausência de hipomaxila dentada entre a extremidade posterior da pré-maxila e a lâmina da maxila. A ausência de hipomaxila dentada distingue *Ilisha* de *Pellona*. Os dentes da mandíbula são pequenos e minúsculos. As brânquias são relativamente curtas e grossas, com 17 a 28 brânquias no arco branquial inferior. Barbatanas pélvicas pequenas com 6 ou 7 raios. Barbatana anal moderadamente longa com 34 a 53 raios, a sua origem encontra-se abaixo ou um pouco atrás da base da barbatana dorsal. As escamas são moderadas. A cor básica do corpo é branca prateada. Este estudo identificou um total de três espécies deste género.

Ilisha kampeni (Weber & de Beaufort, 1913) (Fig. 35; Tabela 33)

Fig. 35. *Ilisha kampeni*

Espécie-tipo

Holótipo : CAS/MBRC/562, 13 cm SL, Índia, costa leste, Parangipettai, 11°29'10.29 "N, 79°47'40.47 "E; A. Arockiamary; janeiro, 2009.

Parátipo: CAS/MBRC/563, 14 cm SL, Índia, costa leste, Puducherry, 11°48'24.29" N, 79°48'1.42" E; A. Arockiamary; janeiro, 2009.

Diagnóstico

Um total de 49 espécimes desta espécie foram recolhidos em Puducherry, Parangipettai e Nagapattinam em 2008 e 2009. Os espécimes concordam bem com a descrição anterior dada por Whitehead (1985). A média, o erro-padrão, a meadiana, a moda e o desvio-padrão relativos a 11 caracteres são apresentados no quadro 33. O erro padrão e o desvio padrão foram: 0,096 e 0,674; 0,024 e 0,170; 0,007 e 0,049; 0,044 e 0,311; 0,021 e 0,144; 0,070 e 0,487; 0,297 e 2,082; 0,113 e 0,791; 0,000 e 0,000; 0,113 e 0,791; 0,196 e 1.369, para o comprimento padrão, comprimento da cabeça, diâmetro dos olhos, distância pré-dorsal, profundidade do corpo, raios da barbatana dorsal, raios da barbatana anal, escamas pré-pélvicas, escamas pós-pélvicas, escamas totais e brânquias inferiores, respetivamente. Estudos sobre a taxonomia e a descrição (Ramaiyan, 1975, 1977; Whitehead, 1985; Arockiamary, 2004; Fishbase, 2009).

Descrição

Corpo oblongo e comprimido. A maxila atingia a parte inferior do olho e o seu comprimento era o dobro do comprimento da cabeça. Sem hipomaxila, duas supra-maxilas, a segunda expandida posteriormente. O queixo é muito proeminente. Os olhos são grandes, o maxilar inferior é saliente. A origem da barbatana dorsal situa-se aproximadamente a meio do corpo. O corpo é branco prateado, a cauda tem cromatóforos amarelos, a ponta da cauda é sombreada de preto em amostras frescas (Fig. 35). A análise estatística dos caracteres morfométricos e merísticos é apresentada na tabela 33. Comprimento padrão 12,2-14,3 cm, profundidade do corpo 3,4-3,8 cm, comprimento da cabeça 3,5-4,0 cm, diâmetro do olho 0,9-1,0 cm, comprimento da cabeça 3,5-4,0 cm, profundidade inter-orbital 0,2-0,3 cm e distância pré-dorsal 6,3-7,2 cm. Raios da barbatana dorsal 15-16, raios da barbatana anal 38-45, brânquias inferiores 20-24, escudos pré-pélvicos 19-21, escudos pós-pélvicos 8 e escudos totais 27-29.

Distribuição geográfica

Bangladesh; Índia; Indonésia; Malásia; Sri Lanka e Tailândia.

Tabela 33. Desvio-padrão e erro-padrão dos caracteres morfométricos e merísticos de *Ilisha kampeni*

Parâmetros	Média	Erro Std.	Mediana	Modo	Desvio Std. Desvio
Comprimento padrão	13.516	0.096	14	14	0.674
Comprimento da cabeça	3.757	0.024	4	4	0.170
Diâmetro do olho	0.963	0.007	1	1	0.049
Distância pré-dorsal	6.776	0.044	7	6	0.311

Profundidade do corpo	3.624	0.021	4	4	0.144
Raios da barbatana dorsal	15.633	0.070	16	16	0.487
Raios da barbatana anal	41.449	0.297	42	42	2.082
Escudos pré-pélvicos	20.286	0.113	20	21	0.791
Escudos pós-pélvicos	8.000	0.000	8	8	0.000
Total de escudos	28.286	0.113	28	29	0.791
Brânquias inferiores	21.857	0.196	22	20	1.369

Ilisha megaloptera (Swainson, 1839) (Fig. 36; Quadro 34)

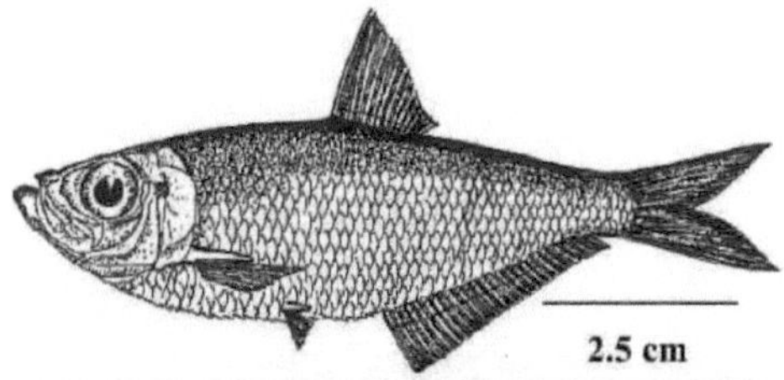

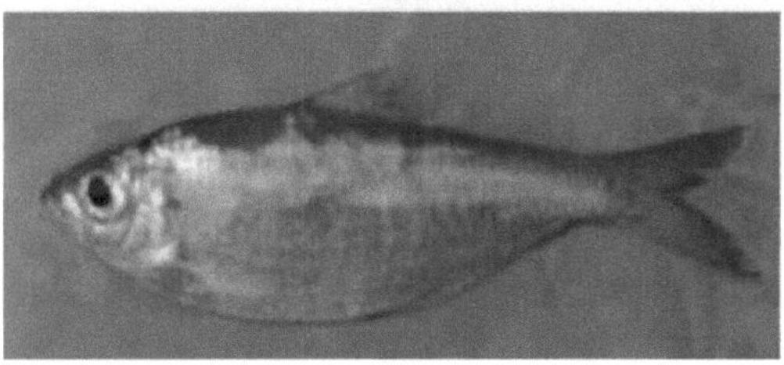

Fig. 36. ***Ilisha megaloptera***

Espécie-tipo

Holótipo : CAS/MBRC/470, 14,5 cm SL, Índia, costa leste, Nagapattinam, 10°45'7.98" N, 79°53'23.97 "E; A. Arockiamary; outubro, 2008.

Parátipo: CAS/MBRC/523, 17 cm SL, Índia, costa leste, Puducherry, 11°48'24.29" N, 79°48'1.42" E; A. Arockiamary; dezembro, 2008.

Diagnóstico

Um total de 51 espécimes desta espécie foram recolhidos em Puducherry, Parangipettai e Nagapattinam em 2008 e 2009. Os materiais examinados confirmam bem a descrição anterior de Whitehead (1985). Os valores da média, do erro padrão, da meadiana, da moda e do desvio padrão relativos a 12 caracteres são apresentados no quadro 34. O erro padrão e o desvio padrão foram: 0,088 e 0,627; 0,032 e 0,229; 0,031 e 0,225; 0,011 e 0,081; 0,052 e 0,371; 0,154 e 1,102; 0,494 e 3,529; 0,113 e 0,810; 0,207 e 1,481; 0,175 e 1,246; 0,375 e 2,676; 0,219 e 1.565, para o comprimento padrão, profundidade do corpo, comprimento da cabeça, diâmetro dos olhos, distância pré-dorsal, raios da barbatana dorsal, raios da barbatana anal, raios da barbatana peitoral, escamas pré-pélvicas, escamas pós-pélvicas, escamas totais e brânquias totais, respetivamente. Estudos sobre a taxonomia e a descrição (Ramaiyan, 1975, 1977; Whitehead, 1985; Arockiamary, 2004; Fishbase, 2009).

Descrição

O corpo é bastante profundo. O bordo inferior da pré-maxila apresenta serrilhas finas e a ponta da maxila atinge o meio do olho. O comprimento da cabeça é inferior à profundidade do corpo. Os olhos são grandes e o maxilar inferior é saliente. A origem da barbatana dorsal situa-se perto do ponto médio do corpo. O dorso é castanho nos exemplares vivos e os flancos inferiores são prateados (Fig. 36). A análise estatística dos caracteres morfométricos e merísticos é apresentada na tabela 34. Comprimento padrão 15,1-17,1 cm, profundidade do corpo 3,0-3,8 cm, comprimento da cabeça 2,0-2,7 cm, diâmetro do olho 1,0-1,2 cm e distância pré-dorsal 3,5-4,7 cm. Raios da barbatana dorsal 16-19, raios da barbatana peitoral 16-18, raios da barbatana anal 43-53, brânquias 18-23, escudos pré-pélvicos 19-23, escudos pós-pélvicos 8-12 e escudos totais 27-35.

Distribuição geográfica

Bangladesh; Camboja; China; Índia; Irão; Indonésia; Laos; Malásia; Myanmar; Paquistão; Singapura; Sri Lanka; Tailândia e Vietname.

Tabela 34. Desvio-padrão e erro-padrão para caracteres morfométricos e merísticos de *Ilisha megaloptera*

Parâmetros	Média	Erro Std.	Mediana	Modo	Desvio Std. Desvio
Comprimento padrão	16.084	0.088	16	16	0.627
Profundidade do corpo	3.425	0.032	3	4	0.229
Comprimento da cabeça	2.349	0.031	2	2	0.225
Diâmetro do olho	1.094	0.011	1	1	0.081
Distância pré-dorsal	4.020	0.052	4	4	0.371
Raios da barbatana dorsal	17.490	0.154	17	17	1.102
Raios da barbatana anal	48.294	0.494	48	48	3.529
Raios da barbatana peitoral	16.941	0.113	17	16	0.810
Escudos pré-pélvicos	21.078	0.207	21	21	1.481
Escudos pós-pélvicos	9.922	0.175	10	10	1.246
Total de escudos	31.000	0.375	31	31	2.676
Total de malhadores	20.569	0.219	20	20	1.565

Ilisha melastoma (Schneider, 1801) (Fig. 37; Quadro 35)

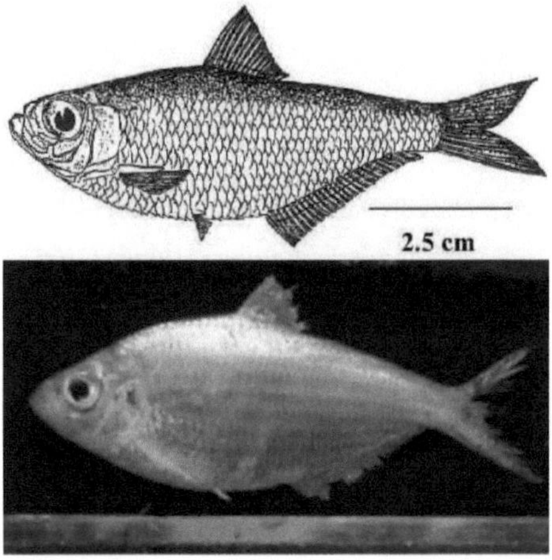

Fig. 37. ***Ilisha melastoma***

Espécie-tipo

Holótipo : CAS/MBRC/547, 15 cm SL, Índia, costa leste, Nagapattinam, 10°45'7.98" N, 79°53'23.97" E; A. Arockiamary; janeiro, 2009.

Parátipo: CAS/MBRC/688, 16 cm SL, Índia, costa leste, Puducherry, 11°48'24.29" N, 79°48'1.42" E; A. Arockiamary; abril, 2009.

Diagnóstico

Um total de 50 espécimes desta espécie foram recolhidos em Puducherry, Parangipettai e Nagapattinam em 2008 e 2009. Os espécimes concordam bem com a descrição anterior dada por Whitehead (1985). Os valores da média, erro padrão, meadiana, moda e desvio padrão relativos a 12 caracteres são apresentados no quadro 35. O erro padrão e o desvio padrão foram: 0,061 e 0,429; 0,044 e 0,308; 0,020 e 0,143; 0,022 e 0,154; 0,038 e 0,269; 0,119 e 0,839; 0,560 e 3,963; 0,162 e 1,146; 0,187 e 1,322; 0,046 e 0,328; 0,218 e 1,538; 0,187 e 1.322, para o comprimento padrão, profundidade do corpo, comprimento da cabeça, diâmetro do olho, distância pré-dorsal, raios da barbatana dorsal, da barbatana anal, raios da barbatana peitoral, escamas pré-pélvicas, escamas pós-pélvicas, escamas totais e brânquias inferiores, respetivamente. Estudos sobre a taxonomia e descrição (Ramaiyan, 1975, 1977; Whitehead, 1985; Arockiamary, 2004; Fishbase, 2009) e biologia e identificação da população (Sahubar Hussain, 1986).

Descrição

O corpo era moderadamente profundo. A pré-maxila estava presente com uma única fila de dentes pequenos, sem hipomaxila e com duas supra-maxilas. O focinho era um pouco mais curto do que o diâmetro dos olhos. Os olhos são maiores e o maxilar inferior é saliente. As estrias verticais da escama atravessam toda a escama ou sobrepõem-se a ela. A origem da barbatana dorsal situa-se um pouco antes do ponto médio do corpo. O dorso é uniformemente castanho nos espécimes vivos e os flancos inferiores são prateados (Fig. 37). A análise estatística dos caracteres morfométricos e merísticos é apresentada na tabela 35. Comprimento padrão 14,8-16,1 cm, profundidade do corpo 3,9-4,8 cm, comprimento da cabeça 2,3-2,7 cm, diâmetro do olho 1,1-1,5 cm e distância pré-dorsal 3,7-4,5 cm. Raios da barbatana dorsal 16-18, raios da barbatana peitoral 1518, raios da barbatana anal 36-48, brânquias inferiores 21-25, escudos pré-pélvicos 17-21, escudos pós-pélvicos 8-9 e escudos totais 25-30.

Distribuição geográfica

Austrália; Bangladesh; Camboja; China; Hong Kong; Índia; Indonésia; Irão; Iraque; Kuwait; Malásia; Omã; Paquistão; Filipinas; Singapura; Sri; Taiwan; Tailândia e Vietname.

Tabela 35. Desvio padrão e erro padrão para caracteres morfométricos e merísticos de *Ilisha melastoma*

Parâmetros	Média	Erro Std.	Mediana	Modo	Desvio Std. Desvio
Comprimento padrão	15.360	0.061	15	15	0.429
Profundidade do corpo	4.346	0.044	4	4	0.308
Comprimento da cabeça	2.456	0.020	2	2	0.143
Diâmetro do olho	1.274	0.022	1	1	0.154
Distância pré-dorsal	4.110	0.038	4	4	0.269
Raios da barbatana dorsal	16.900	0.119	17	16	0.839
Raios da barbatana anal	41.360	0.560	41	36	3.963
Raios da barbatana peitoral	16.440	0.162	16	15	1.146
Escudos pré-pélvicos	18.920	0.187	19	19	1.322
Escudos pós-pélvicos	8.120	0.046	8	8	0.328
Total de escudos	27.040	0.218	27	27	1.538
Brânquias inferiores	22.740	0.187	23	22	1.322

Género *Pellona* Valenciennes, 1847

Estes peixes são de tamanho médio, com corpo alongado e comprimido. A quilha de escamas está inserida ao longo do ventre. Os olhos são de maiores dimensões. A boca está posicionada obliquamente para cima e o maxilar superior atinge, no máximo, o centro dos olhos. Apresenta uma pequena hipomaxila dentada entre a extremidade posterior da pré-maxila e a lâmina da maxila. A presença de hipomaxila dentada distingue *Pellona* de *Ilisha*. Tanto a mandíbula superior quanto a inferior possuem dentes minúsculos ou pequenos. As brânquias são curtas e grossas. As barbatanas dorsais inserem-se aproximadamente a meio do corpo. Apresentam barbatanas pélvicas mais pequenas com 6 ou 7 raios. As barbatanas anais são moderadamente longas, com 34 a 43 raios. As escamas são moderadas, com cerca de 35 a 50 em séries laterais. Não há tubo ou tubos na extremidade posterior da bexiga natatória, que passam para trás, para os músculos do corpo. A cor de fundo do corpo é branca prateada. Durante o presente estudo, foram distinguidas quatro espécies de *Pellona*. São elas *Pellona ditchella*, *Pellona dayi*, *Pellona harroweri* e *Pellona flavipinnis*.

Pellona ditchela (Valenciennes, 1847) (Fig. 38; Tabela 36)

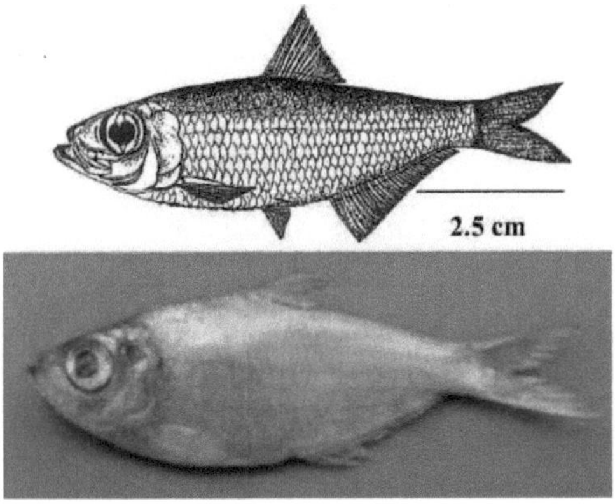

Fig. 38. ***Pellona ditchela***

Espécie-tipo

Holótipo : CAS/MBRC/1006, 11 cm SL, Índia, costa leste, Nagapattinam, 10°45'7.98" N, 79°53'23.97" E; A. Arockiamary; novembro, 2009.

Parátipo: CAS/MBRC/1031, 12 cm SL, Índia, costa leste, Puducherry, 11°48'24.29" N, 79°48'1.42" E; A. Arockiamary; dezembro, 2009.

Diagnóstico

Um total de 44 espécimes desta espécie foram recolhidos em Puducherry, Parangipettai e Nagapattinam em 2008 e 2009. Os espécimes actuais concordam bem com a descrição anterior de Whitehead (1985). Os valores da média, erro padrão, meadiana, moda e desvio padrão relativos a 12 caracteres são apresentados no quadro 36. O erro padrão e o desvio padrão foram: 0,090 e 0,597; 0,053 e 0,353; 0,043 e 0,284; 0,023 e 0,150; 0,017 e 0,111; 0,033 e 0,216; 0,076 e 0,505; 0,364 e 2,412; 0,075 e 0,497; 0,073 e 0,487; 0,134 e 0,888; 0,246 e 1.635, para o comprimento padrão, profundidade do corpo, comprimento da cabeça, diâmetro do olho, comprimento da barbatana peitoral, distância pré-dorsal, raios da barbatana dorsal, raios da barbatana anal, escamas pré-pélvicas, escamas pós-pélvicas, escamas totais e brânquias inferiores, respetivamente. Estudos sobre a taxonomia e a descrição (Ramaiyan, 1977); Whitehead, 1985; Arockiamary, 2004; Fishbase, 2009).

Descrição

Corpo fortemente comprimido, ventre fortemente quilhado. Os olhos são grandes e o maxilar inferior é saliente. A maxila foi observada com cinco serrilhas ao longo da borda inferior. A origem da barbatana dorsal situa-se perto do ponto médio do corpo. Hipomaxila presente. Base pélvica ligeiramente anterior ao primeiro raio dorsal não ramificado. Superfície dorsal castanha clara, ligeiramente mais escura ao longo do dorso e barbatana hialina no espécime vivo (Fig. 38). A análise estatística dos caracteres morfométricos e merísticos é apresentada na tabela 36. Comprimento padrão 10,4-12,3 cm, profundidade do corpo 3,4-4,5 cm, comprimento da cabeça 2,8-3,9 cm, diâmetro do olho 1,1-1,5 cm, comprimento da barbatana peitoral 1,0 -1,3 cm e distância pré-dorsal 4,8-5,5 cm. Raios da barbatana dorsal 15-16, raios da barbatana anal 34-41, brânquias inferiores 22-27, escudos pré-pélvicos 18-19, escudos pós-pélvicos 8-9 e escudos totais 26-28.

Distribuição geográfica

Durban; Baía de Delagoa Madagáscar; Índia; África Oriental; Austrália; Djibuti; Indonésia; Irão; Quénia; Malásia; Moçambique; Myanmar; Omã; Paquistão; Singapura; Somália; África do Sul; Sri Lanka; Taiwan; Tanzânia; Tailândia e Iémen.

Tabela 36. Desvio padrão e erro padrão para caracteres morfométricos e merísticos de *Pellona ditchella*

Parâmetros	Média	Erro Std.	Mediana	Modo	Desvio Std. Desvio
Comprimento padrão	11.441	0.090	12	12	0.597
Profundidade do corpo	3.966	0.053	4	4	0.353
Comprimento da cabeça	3.170	0.043	3	3	0.284
Diâmetro do olho	1.318	0.023	1	2	0.150
Comprimento da barbatana peitoral	1.159	0.017	1	1	0.111
Distância pré-dorsal	5.148	0.033	5	5	0.216
Raios da barbatana dorsal	15.523	0.076	16	16	0.505
Raios da barbatana anal	37.364	0.364	37	38	2.412
Escudos pré-pélvicos	18.591	0.075	19	19	0.497
Escudos pós-pélvicos	8.364	0.073	8	8	0.487
Total de escamas	26.955	0.134	27	26	0.888
Brânquias inferiores	25.545	0.246	26	27	1.635

Pellona dayi (Wongratana, 1983) (Fig. 39; Tabela 37)

Fig. 39. *Pellona dayi*

Espécie-tipo

Holótipo : CAS/MBRC/400, 12 cm SL, Índia, costa leste, Nagapattinam, 10°45'7.98" N, 79°53'23.97" E; A. Arockiamary; julho, 2008.

Parátipo: CAS/MBRC/401, 13 cm SL, Índia, costa leste, Puducherry, 11°48'24.29" N, 79°48'1.42" E; A. Arockiamary; julho, 2008.

Diagnóstico

Um total de 36 espécimes desta espécie foram recolhidos em Puducherry, Parangipettai e Nagapattinam em 2008 e 2009. A presente descrição coincide bem com a descrição anterior efectuada por Whitehead (1985). Os valores da média, do erro padrão, da meadiana, da moda e do desvio padrão relativos a 12 caracteres são apresentados no quadro 37. O erro padrão e o desvio padrão foram: 0,134 e 0,801; 0,065 e 0,390; 0,058 e 0,346; 0,018 e 0,106; 0,013 e 0,076; 0,063 e 0,379; 0,234 e 1,402; 0,313 e 1,897; 0,000 e 0,000; 0,084 e 0,504; 0,084 e 0,504; 0,084 e 0.504, para o comprimento padrão, profundidade do corpo, comprimento da cabeça, diâmetro do olho, comprimento da barbatana peitoral, distância pré-dorsal, raios da barbatana dorsal, raios da barbatana anal, escamas pré-pélvicas, escamas pós-pélvicas, escamas totais e brânquias totais, respetivamente. Estudos sobre a taxonomia e a descrição (Whitehead, 1985; Fishbase, 2009).

Descrição

O corpo era moderadamente profundo. Os olhos são grandes e o maxilar inferior é saliente. Maxilar superior com um osso hipomaxilar dentado entre a extremidade posterior da pré-maxila e a protuberância inferior da maxila. A barbatana dorsal tem origem perto do ponto médio do corpo. Escamas observadas com estrias verticais superiores e inferiores; as estrias verticais não se encontram no centro da escama. Dorsal cinzento azulado e flancos prateados (Fig. 39). A análise estatística dos caracteres morfométricos e merísticos é apresentada na tabela 37. Comprimento padrão 10,8-13,5 cm, profundidade do corpo 3,0-4,4 cm, comprimento da cabeça 2,3-3,4 cm, diâmetro do olho 1,0-1,2 cm, comprimento da barbatana peitoral 1,3-1,6 cm e distância predorsal 4,4-5,7 cm. Raios da barbatana dorsal 14-18, raios da barbatana anal 35-41, brânquias inferiores 2021, escudos pré-pélvicos 19, escudos pós-pélvicos 8-9 e escudos totais 27-28.

Distribuição geográfica

Oceano Índico (na costa oriental do sul da Índia) e Sri Lanka.

Tabela 37. Desvio-padrão e erro-padrão para caracteres morfométricos e merísticos de *Pellona dayi*

Parâmetros	Média	Erro Std.	Mediana	Modo	Desvio Std. Desvio
Comprimento padrão	11.989	0.134	12	11	0.801
Profundidade do corpo	3.767	0.065	4	4	0.390
Comprimento da cabeça	2.794	0.058	3	2	0.346
Diâmetro do olho	1.472	0.018	2	2	0.106
Comprimento da barbatana peitoral	1.114	0.013	1	1	0.076
Distância pré-dorsal	5.072	0.063	5	5	0.379
Raios da barbatana dorsal	16.083	0.234	16	17	1.402
Raios da barbatana anal	38.111	0.313	38	37	1.879
Escudos pré-pélvicos	19.000	0.000	19	19	0.000
Escudos pós-pélvicos	8.444	0.084	8	8	0.504
Total de escamas	27.444	0.084	27	27	0.504
Brânquias inferiores	20.444	0.084	20	20	0.504

Pellona harroweri (Fowler, 1917) (Fig. 40; Quadro 38)

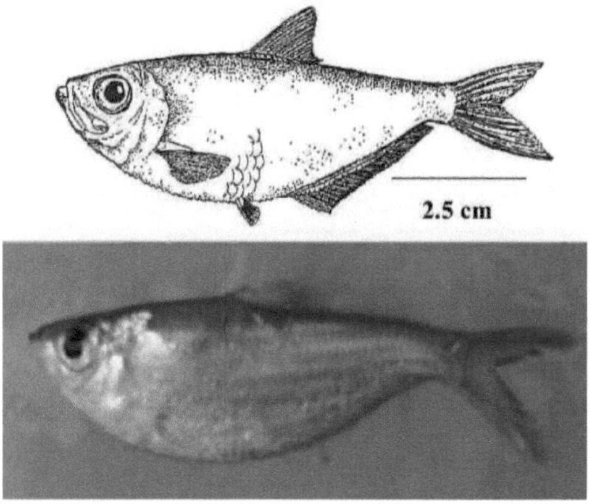

Fig. 40. ***Pellona harroweri***

Espécie-tipo

Holótipo : CAS/MBRC/738, 12 cm SL, Índia, costa leste, Parangipettai, 11°29'10.29 "N, 79°47'40.47 "E; A. Arockiamary; junho, 2009. 11.3-13.2

***Parátipo*:** CAS/MBRC/739, 13 cm SL, Índia, costa leste, Puducherry, 11°48'24.29" N, 79°48'1.42" E; A. Arockiamary; junho, 2009.

Diagnóstico

Um total de 43 espécimes desta espécie foram recolhidos em Puducherry, Parangipettai e Nagapattinam em 2008 e 2009. Os espécimes concordam bem com a descrição anterior dada por Whitehead (1985). Esta espécie foi identificada e confirmada por V. Ramaiyan, antigo professor e diretor de biologia das pescas CAS em Biologia Marinha, Universidade de Annamalai, Parangipettai, Índia. Os valores da média, do erro padrão, da média, da moda e do desvio padrão relativos a 12 caracteres são apresentados no quadro 38. O erro padrão e o desvio padrão foram: 0,097 e 0,635; 0,042 e 0,279; 0,021 e 0,138; 0,020 e 0,133; 0,014 e 0,094; 0,087 e 0,571; 0,108 e 0,710; 0,222 e 1,457; 0,189 e 1,237; 0,069 e 0,454; 0,248 e 1,629; 0,131 e 0.859, para o comprimento padrão, profundidade do corpo, comprimento da cabeça, diâmetro dos olhos, comprimento da barbatana peitoral, distância pré-dorsal, raios da barbatana dorsal, raios da barbatana anal, escamas pré-pélvicas, escamas pós-pélvicas, escamas totais e brânquias inferiores, respetivamente. Esta espécie é registada pela primeira vez em águas indianas. Estudos sobre a taxonomia e a descrição (Whitehead, 1985; Fishbase, 2009).

Descrição

O corpo era bastante profundo e comprimido. Os olhos são grandes e o maxilar inferior é saliente. O maxilar superior apresenta um osso hipomaxilar dentado entre a extremidade posterior da pré-maxila e a protuberância inferior da lâmina da maxila. A origem da barbatana dorsal situa-se perto do ponto médio do corpo. A barbatana anal é longa. Dorsal cinzento azulado e flancos prateados (Fig. 40). A análise estatística dos caracteres morfométricos e merísticos é apresentada na tabela 38. Comprimento padrão 11,3-13,2 cm, profundidade do corpo 4,4-5,3 cm, comprimento da cabeça 2,0-2,4 cm, diâmetro do olho 1,2-1,6 cm, comprimento da barbatana peitoral 1,01,3 cm e distância pré-dorsal 4,2-5,9 cm. Raios da barbatana dorsal 14-16, raios da barbatana anal 37-41, brânquias inferiores 23-25, escudos pré-pélvicos 17-20, escudos pós-pélvicos 5-6 e escudos totais 22-26. **Distribuição geográfica**

Aruba; Brasil; Colômbia; Costa Rica; Curaçao; Guiana Francesa; Guiana; Nicarágua; Suriname; Venezuela e costa sudeste da Índia pelo presente estudo.

Tabela 38. Desvio padrão e erro padrão para caracteres morfométricos e merísticos de *Pellona harroweri*

Parâmetros	**Média**	**Erro Std.**	**Mediana**	**Modo**	**Desvio Std. Desvio**
Comprimento padrão	12.435	0.097	13	13	0.635
Profundidade do corpo	5.074	0.042	5	5	0.279
Comprimento da cabeça	2.260	0.021	2	2	0.138
Diâmetro do olho	1.360	0.020	1	1	0.133
Comprimento da barbatana peitoral	1.167	0.014	1	1	0.094
Distância pré-dorsal	5.365	0.087	6	6	0.571
Raios da barbatana dorsal	14.860	0.108	15	15	0.710
Raios da barbatana anal	39.140	0.222	39	40	1.457
Escudos pré-pélvicos	18.605	0.189	19	20	1.237
Escudos pós-pélvicos	5.721	0.069	6	6	0.454
Total de escudos	24.326	0.248	25	26	1.629
Brânquias inferiores	23.977	0.131	24	23	0.859

Pellona flavipinnis (Valenciennes, 1837) (Fig. 41; Tabela 39)

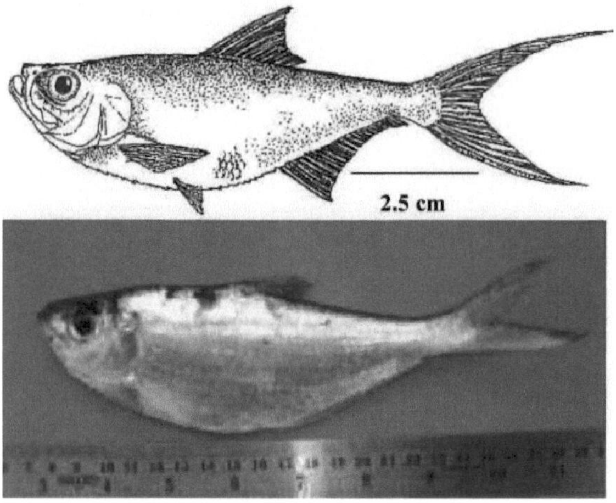

Fig. 41. ***Pellona flavipinnis***

Espécie-tipo

Holótipo : CAS/MBRC/985, 12 cm SL, Índia, costa leste, Puducherry, 11°48'24.29" N, 79°48'1.42" E; A. Arockiamary; novembro, 2009.

Parátipo: CAS/MBRC/986, 14 cm SL, Índia, costa leste, Parangipettai, 11°29'10.29 "N, 79°47'40.47 "E; A. Arockiamary; novembro, 2009.

Diagnóstico

Um total de 32 espécimes desta espécie foram recolhidos em Puducherry, Parangipettai e Nagapattinam em 2008 e 2009. A presente descrição coincide bem com a descrição anterior efectuada por Whitehead (1985). Esta espécie foi identificada e confirmada por V. Ramaiyan, antigo professor e diretor de biologia das pescas CAS em biologia marinha, Universidade de Annamalai, Parangipettai, Índia. Os valores da média, do erro-padrão, da média, da moda e do desvio-padrão relativos a 11 caracteres são apresentados no quadro 39. O erro padrão e o desvio padrão foram: 0,111 e 0,626; 0,035 e 0,197; 0,031 e 0,177; 0,017 e 0,099; 0,080 e 0,455; 0,127 e 0,716; 0,203 e 1,146; 0,234 e 1,322; 0,162 e 0,914; 0,368 e 2,083; 0,425 e 2.402, para o comprimento padrão, profundidade do corpo, comprimento da cabeça, diâmetro dos olhos, distância pré-dorsal, raios da barbatana dorsal, raios da barbatana anal, escamas pré-pélvicas, escamas pós-pélvicas, escamas abdominais e brânquias inferiores, respetivamente. Esta espécie é registada pela primeira vez em águas indianas. Estudos sobre a taxonomia e a descrição (Whitehead, 1985; Fishbase, 2009).

Descrição

O corpo era moderadamente profundo e comprimido. O maxilar inferior estava projetado. O maxilar superior estava presente com um osso hipomaxilar dentado entre a ponta posterior da pré-maxila e a protuberância inferior da lâmina da maxila. Barbatana anal longa, com origem na base da barbatana dorsal (Fig. 41). Dorsal cinzento azulado e flancos prateados. A análise estatística dos caracteres morfométricos e merísticos é apresentada na tabela 39. Comprimento padrão 12,3-14,1 cm, profundidade do corpo 3,9-4,5 cm, comprimento da cabeça 1,9-2,4 cm, diâmetro do olho 0,9-1,2 cm, comprimento da barbatana peitoral 1,1-1,5 cm e distância pré-dorsal 4,9-6,1 cm. Raios da barbatana dorsal 16-18, raios da barbatana anal 38-42, brânquias inferiores 23-31, escudos pré-pélvicos 20-24, escudos pós-pélvicos 12-14 e escudos totais 32-37.

Distribuição geográfica

Argentina; Uruguai; Brasil; Guianas; Venezuela; Colômbia e costa sudeste da Índia pelo presente estudo.

Tabela 39. Desvio padrão e erro padrão para caracteres morfométricos e merísticos de *Pellona flavipinnis*

Parâmetros	Média	Erro Std.	Mediana	Modo	Desvio Std. Desvio
Comprimento padrão	13.434	0.111	14	14	0.626
Profundidade do corpo	4.250	0.035	4	4	0.197
Comprimento da cabeça	2.181	0.031	2	2	0.177
Diâmetro do olho	1.084	0.017	1	1	0.099
Distância pré-dorsal	5.597	0.080	6	6	0.455
Raios da barbatana dorsal	17.063	0.127	17	17	0.716
Raios da barbatana anal	39.906	0.203	40	39	1.146
Escudos pré-pélvicos	21.844	0.234	22	23	1.322
Escudos pós-pélvicos	13.063	0.162	13	14	0.914
Escudos abdominais	34.719	0.368	35	37	2.083
Brânquias inferiores	26.688	0.425	27	27	2.402

Família Engraulidae

As anchovas são pequenos peixes verdes com reflexos azuis devido a uma risca longitudinal prateada que parte da base da barbatana caudal. O corpo tem um tamanho moderado ou pequeno. O corpo é geralmente alongado e comprimido. O focinho era rombo, com ou sem pequenos dentes afiados em ambos os maxilares. A boca é inferior e maior do que a dos arenques. As brânquias no membro inferior do primeiro arco são de 10 a 50 ou mais. 7 a 19 raios branquiais estão presentes. Uma única barbatana dorsal curta está inserida no ponto médio do corpo. Não foi encontrado tecido adiposo atrás da barbatana dorsal. Sem linha lateral. São costeiros e pelágicos, mas alguns entram em tróficos ou inteiramente em água doce. Durante o presente estudo, foram distinguidos quatro géneros: *Encrasicholina*, *Stolephorus*, *Thryssa* e *Coilia*.

Além disso, *a Encrasicholina* é uma anchova pequena e de corpo bastante redondo. Foram registadas cinco espécies pertencentes ao género *Encrasicholina* por Whitehead (1985). Segundo este autor, este género *Encrasicholina* é marinho, pelágico e de cardume maioritariamente costeiro, exceto *E. punctifer* que é uma espécie oceânica. Do mesmo modo, foram observadas no presente estudo *Encrasicholina punctifer* e *E. devisi*. De um modo geral, *os Stolephorus* são pequenos e anchovas moderadamente comprimidas; são marinhos, pelágicos e formam cardumes principalmente na costa, alguns talvez entrando na foz dos rios. Do mesmo modo, foram registadas neste estudo quatro espécies de *Stolephorus* (*Stolephorus indicus, S. commersonii, S. tri* e *S. waitei*). Babu Rao (1967) fez uma observação semelhante. Distinguiu as populações de *Stolephorus* com base em contagens morfométricas e merísticas no estuário do Godavari.

Distribuição geográfica

Tanto a família como o género são endémicos da Índia.

Classificação

Filo : Chordata

Subfilo : Vertebrados

Super classe : Gnathostomata

Classe : Osteichthyes

Encomendar : Clupeiformes

Subordem : Clupeoidei

Família : Engraulidae

Géneros : *Encrasicholina, Stolephorus, Thryssa* e *Coilia*

Género *Encrasicholina* Fowler, 1938

Corpo delgado e subcilíndrico em secção transversal. Maxila curta e arredondada posteriormente, sem corte. A maxila quase não se projectava para além da segunda supra-maxila. O ístmo não atingia o bordo posterior da membrana branquial. Corpo de cor prateada. Istmo curto, uma pequena placa óssea no urohyal entre as membranas branquiais. Os raios não ramificados das barbatanas dorsal e anal estão presentes. A cor de fundo do corpo era branco prateado com uma faixa prateada brilhante. *Encrasicholina punctifer* e *Encrasicholina devisi* são duas espécies identificadas no presente estudo.

Encrasicholina devisi (Whitley, 1940) (Fig. 42; Quadro 40)

Fig.42. *Encrasicholina devisi*

Espécie-tipo

Holótipo : CAS/MBRC/480, 6,2 cm SL, Índia, costa leste, Nagapattinam, 10°45'7.98" N, 79°53'23.97 "E; A. Arockiamary; outubro, 2008.

Parátipo: CAS/MBRC/694, 7,4 cm SL, Índia, costa leste, Puducherry, 11°48'24.29" N, 79°48'1.42" E; A. Arockiamary; abril, 2009.

Diagnóstico

Um total de 33 espécimes desta espécie foram recolhidos em Puducherry, Parangipettai e Nagapattinam em 2008 e 2009. Os materiais examinados confirmam bem a descrição anterior dada por Whitehead (1985) e Fishbase (2009). Os valores da média, do erro padrão, da média, da moda e do desvio padrão relativos a 10 caracteres *devisi* são apresentados no quadro 40. O erro padrão e o desvio padrão foram: 0,062 e 0,357; 0,008 e 0,047; 0,012 e 0,070; 0,014 e 0,083; 0,021 e 0,123; 0,030 e 0,173; 0,123 e 0,704; 0,147 e 0,847; 0,120 e 0,692; 0,086 e 0.496, para o comprimento padrão, a profundidade do corpo, o comprimento da cabeça, o diâmetro dos olhos, a distância pré-dorsal, a distância pré-anal, os raios da barbatana dorsal, os raios da barbatana anal, as brânquias inferiores e as escamas abdominais, respetivamente. Estudos sobre os padrões temporais e espaciais (Milton *et al.*, 1996), a taxonomia e a descrição (Whitehead, 1985; Fishbase, 2009) e a relação entre o comprimento e o peso (Abdurahiman *et al.*, 2004).

Descrição

A ponta da maxila é pontiaguda, projectando-se para além da segunda supra-maxila e atingindo o suboperáculo. Istmo curto, uma pequena placa óssea no urohyal entre as membranas branquiais. Raios das barbatanas dorsal e anal não ramificados. Em vida, uma banda prateada brilhante no flanco, com uma fina linha azul por cima; dorso azul ou cinzento. Dorsal cinzento azulado e flancos prateados (Fig. 42). A análise estatística dos caracteres morfométricos e merísticos é apresentada na tabela 40. Comprimento padrão 6,3-7,5 cm, profundidade do corpo 1,5-1,6 cm, comprimento da cabeça 2,0-2,2 cm, diâmetro do olho 0,4-0,6 cm, distância pré-dorsal 3,7-4,1 cm e distância pré-anal 3,9-4,4 cm. Raios da barbatana dorsal 10-12, raios da barbatana anal 15-17, brânquias inferiores 22-25 e escamas pré-pélvicas 5-6.

Distribuição geográfica

Indo-Pacífico; muito difundida na parte norte do Oceano Índico (Golfo de Aden; mas aparentemente não no Mar Vermelho nem no Quénia; Golfo Pérsico; Índia; Ilhas Andaman) e no Pacífico Central Ocidental (Indonésia; Tailândia; a norte, pelo menos, até à Ilha de Taiwan; a sul, até ao norte da Austrália; também para leste até Fiji e Tonga); Barém; Bangladesh; Camboja; China; Hong Kong; Indonésia; Irão; Iraque; Kuwait; Malásia; Micronésia; Myanmar; Nova Caledónia; Omã; Paquistão; Filipinas; Arábia Saudita; Singapura; Somália; Sri Lanka; Tanzânia; Vietname e Iémen.

Tabela 40. Desvio padrão e erro padrão para caracteres morfométricos e merísticos de *Encrasicholina devisi*

Parâmetros	Média	Erro Std.	Mediana	Modo	Std. Desvio
Comprimento padrão	6.982	0.062	7	7	0.357
Profundidade do corpo	1.570	0.008	2	2	0.047
Comprimento da cabeça	2.139	0.012	2	2	0.070
Diâmetro do olho	0.539	0.014	1	1	0.083
Distância pré-dorsal	3.927	0.021	4	4	0.123
Distância pré-anal	4.212	0.030	4	4	0.173
Raios da barbatana dorsal	11.061	0.123	11	11	0.704
Raios da barbatana anal	15.697	0.147	15	15	0.847
Brânquias inferiores	23.667	0.120	24	24	0.692
Escudos abdominais	5.394	0.086	5	5	0.496

Encrasicholina punctifer (Fowler, 1938) (Fig. 43; Tabela 41)

Fig. 43. ***Encrasicholina punctifer***

Espécie-tipo

Holótipo : CAS/MBRC/267, 10,6 cm SL, Índia, costa leste, Puducherry, 11°48'24.29" N, 79°48'1.42" E; A. Arockiamary; abril, 2008.

Parátipo: CAS/MBRC/540, 11,2 cm SL, Índia, costa leste, Nagapattinam, 10°45'7.98" N, 79°53'23.97 "E; A. Arockiamary; janeiro, 2009.

Diagnóstico

Um total de 34 espécimes desta espécie foram recolhidos em Puducherry, Parangipettai e Nagapattinam em 2008 e 2009. Os espécimes actuais concordam bem com a descrição anterior de Whitehead (1985). Os valores da média, erro padrão, meadiana, moda e desvio padrão relativos a 11 caracteres são apresentados no quadro 41. O erro padrão e o desvio padrão foram: 0,085 e 0,494; 0,023 e 0,135; 0,032 e 0,186; 0,015 e 0,088; 0,013 e 0,076; 0,026 e 0,152; 0,029 e 0,168; 0,146 e 0,851; 0,145 e 0,844; 0,112 e 0,651; 0,513 e 2.990, para o comprimento padrão, comprimento da cabeça, diâmetro do olho, comprimento do maxilar, distância pré-dorsal, distância pré-anal, raios da barbatana dorsal, raios da barbatana anal, escudos pré-pélvicos e brânquias inferiores, respetivamente. Estudos sobre a taxonomia e a descrição (Whitehead, 1985; Fishbase, 2009).

Descrição

Corpo delgado, de secção transversal subcilíndrica. Maxila curta e romba, arredondada posteriormente. A maxila quase não se projectava para além da segunda supra-maxila. O ístmo não atingia a margem posterior da membrana branquial. O corpo era de cor prateada (Fig. 43). A análise estatística dos caracteres morfométricos e merísticos é apresentada na tabela 41. Comprimento padrão 10,0-11,6 cm, profundidade do corpo 2,6-3,0 cm, comprimento da cabeça 2,4-2,5 cm, diâmetro do olho 0,5-0,6 cm, distância pré-dorsal 5,0-5,7 cm e distância pré-anal 6,2-7,3 cm. Raios da barbatana dorsal 12-16, raios da barbatana peitoral 8, raios da barbatana anal 13-14, brânquias inferiores 23-26, escudos pré-pélvicos 4-6. **Distribuição geográfica**

Austrália; Barém; Bangladesh; Camboja; China; Jibuti; Egito; Eritreia; Fiji; Guam; Havai; Hong Kong; Indonésia; Irão; Iraque; Israel; Japão; Jordânia; Quénia; Coreia; Kiribati; Kuwait; Malásia; Micronésia; Moçambique; Myanmar; Nauru; Nova Caledónia; Omã; Paquistão; Palau; Filipinas; Quatar; Samoa; Arábia Saudita; Singapura; Somália; África do Sul; Sri Lanka; Sudão; Taiwan; Tanzânia; Tailândia; Tokelau; Tonga; Tuvalu; Vanuata; Vietname e Iémen.

Tabela 41. Desvio padrão e erro padrão para caracteres morfométricos e merísticos de *Encrasicholina punctifer*

Parâmetros	Média	Erro Std.	Mediana	Modo	Desvio Std. Desvio
Comprimento padrão	6.874	0.085	7	7	0.494
Profundidade do corpo	1.650	0.023	2	2	0.135
Comprimento da cabeça	2.159	0.032	2	2	0.186
Diâmetro do olho	0.421	0.015	0	1	0.088
Comprimento do maxilar	1.018	0.013	1	1	0.076
Distância pré-dorsal	3.947	0.026	4	4	0.152
Distância pré-anal	4.271	0.029	4	4	0.168
Raios da barbatana dorsal	13.059	0.146	13	14	0.851
Raios da barbatana anal	15.118	0.145	15	16	0.844
Escudos pré-pélvicos	5.000	0.112	5	5	0.651
Brânquias inferiores	25.176	0.513	25	22	2.990

Género *Stolephorus* Lacepede, 1803

Corpo alongado e cilíndrico com um focinho proeminente. A extremidade da maxila atinge (ou ultrapassa) o bordo anterior do pré-opérculo. A barbatana anal começa abaixo do meio da dorsal. Faixa prateada estreita ao longo dos lados do corpo translúcido. A barbatana anal começa aproximadamente abaixo de 1/3 da dorsal. Do género *Stolephorus*, foram distinguidas quatro espécies.

Stolephorus commersonii (Lacepede, 1803) (Fig. 44; Quadro 42)

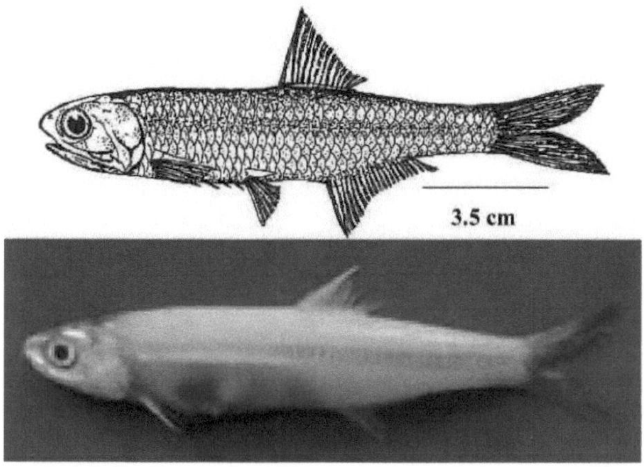

Fig. 44. _Stolephorus commersonii_

Espécie-tipo

Holótipo : CAS/MBRC/502, 5 cm SL, Índia, costa leste, Nagapattinam, 10°45'7.98" N, 79°53'23.97 "E; A. Arockiamary; novembro, 2008.

Parátipo: CAS/MBRC/525, 8 cm SL, Índia, costa leste, Puducherry, 11°48'24.29" N, 79°48'1.42" E; A. Arockiamary; dezembro, 2008.

Diagnóstico

Um total de 30 espécimes desta espécie foram recolhidos em Puducherry, Parangipettai e Nagapattinam durante 2008 e 2009. Os materiais actuais concordam com a descrição anterior dada por Whitehead (1985). Os valores da média, do erro padrão, da meadiana, da moda e do desvio padrão relativos a 11 caracteres são apresentados no quadro 42. O erro padrão e o desvio padrão foram: 0,178 e 0,973; 0,015 e 0,084; 0,031 e 0,171; 0,019 e 0,102; 0,012 e 0,067; 0,017 e 0,093; 0,028 e 0,152; 0,093 e 0,507; 0,093 e 0,507; 0,177 e 0,971; 0,190 e 1.042, para o comprimento padrão, a profundidade do corpo, o comprimento da cabeça, a profundidade da cabeça, o diâmetro dos olhos, o comprimento do maxilar, a distância pré-dorsal, os raios da barbatana anal, os raios da barbatana dorsal, as escamas pré-pélvicas e as brânquias inferiores, respetivamente. Estudos sobre a biometria (Babu Rao, 1967), a taxonomia e a descrição (Ramaiyan, 1977; Whitehead, 1985; Fishbase, 2009) e a ocorrência de duplo parasitismo (Rajkumar *et al.*, 2006) e a relação entre o comprimento e o peso (Abdurahiman *et al.*, 2004).

Descrição

Corpo alongado e focinho proeminente. A maxila atinge o bordo do opérculo. Bordos laterais das fontenelas frontais posteriores sigmóides, fontenelas quase tão largas como compridas. A barbatana anal começa aproximadamente abaixo de 1/3 da dorsal. Nos espécimes vivos, a cor do lado dorsal era castanho claro, com uma banda lateral prateada clara. Esta espécie pode ser facilmente distinguida pelas duas bandas de pigmento que vão da cabeça às barbatanas dorsais (Fig. 44). A análise estatística dos caracteres morfométricos e merísticos é apresentada na tabela 42. Comprimento padrão 5,1-8,2 cm, profundidade do corpo 1,5-1,7 cm, comprimento da cabeça 2,4-2,9 cm, profundidade da cabeça 1,3-1,6 cm, diâmetro do olho 0,5-0,7 cm, comprimento maxilar 1-1,3 cm, distância pré-dorsal 5,0-5,5 cm, distância peitoral 2,42,8 cm, distância pré-anal 5,7-6,4 cm. Raios da barbatana dorsal 13-14, raios da barbatana anal 18-19, brânquias inferiores 23-26 e escudos pré-pélvicos 2-5.

Distribuição geográfica

Maurícia; Madagáscar; Ilha Comoro; África Oriental; Índia; Arquipélago Indo-Malaio; Tailândia; Filipinas; Austrália; Bangladeche; Camboja; China; Hong Kong; Indonésia; Irão; Quénia; Malásia; Moçambique; Myanmar; Omã; Singapura; Somália; África do Sul; Sri Lanka; Sudão; Taiwan; Tanzânia; Tailândia; Vietname e Iémen.

Tabela 42. Desvio-padrão e erro-padrão para caracteres morfométricos e merísticos de *Stolephorus commersonii*

Parâmetros	**Média**	**Erro Std.**	**Mediana**	**Modo**	**Desvio Std. Desvio**
Comprimento padrão	7.080	0.178	7	8	0.973
Profundidade do corpo	1.590	0.015	2	2	0.084
Comprimento da cabeça	2.760	0.031	3	3	0.171
Profundidade da cabeça	1.500	0.019	2	2	0.102
Diâmetro do olho	0.640	0.012	1	1	0.067
Comprimento do maxilar	1.203	0.017	1	1	0.093
Distância pré-dorsal	5.340	0.028	5	6	0.152
Raios da barbatana anal	18.467	0.093	18	18	0.507
Raios da barbatana dorsal	13.533	0.093	14	14	0.507
Escudos pré-pélvicos	3.433	0.177	4	4	0.971
Brânquias inferiores	24.500	0.190	25	25	1.042

Stolephorus indicus (van Hasselt, 1823) (Fig. 45; Quadro 43)

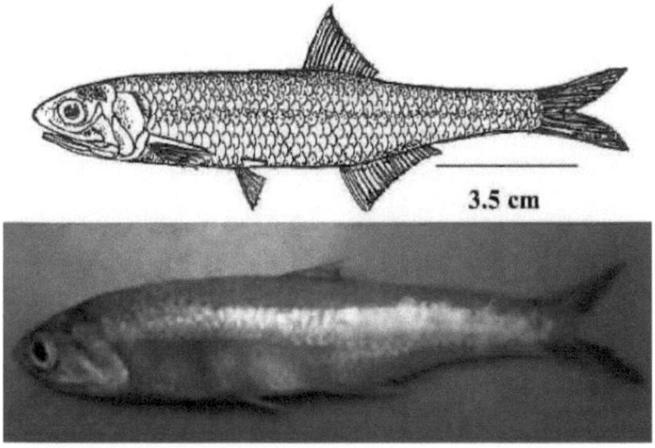

Fig. 45. ***Stolephorus indicus***

Espécie-tipo

Holótipo : CAS/MBRC/574, 10 cm SL, Índia, costa leste, Nagapattinam, 10°45'7.98" N, 79°53'23.97" E; A. Arockiamary; janeiro, 2009.

Parátipo: CAS/MBRC/600, 11 cm SL, Índia, costa leste, Puducherry, 11°48'24.29" N, 79°48'1.42" E; A. Arockiamary; fevereiro, 2009.

Diagnóstico

Um total de 30 espécimes desta espécie foram recolhidos em Puducherry, Parangipettai e Nagapattinam em 2008 e 2009. Os espécimes actuais concordam bem com a descrição anterior dada por Ramaiyan (1977). Os valores da média, do erro padrão, da meadiana, da moda e do desvio padrão relativos a 14 caracteres são apresentados no quadro 43. O erro padrão e o desvio padrão foram: 0,124 e 0,678; 0,025 e 0,135; 0,044 e 0,241; 0,014 e 0,076; 0,017 e 0,091; 0,019 e 0,104; 0,039 e 0,214; 0,027 e 0,149; 0,029 e 0,160; 0,130 e 0,712; 0,144 e 0,788; 0,154 e 0,845; 0,117 e 0,643; 0,539 e 2.995, para o comprimento padrão, profundidade do corpo, comprimento da cabeça, profundidade da cabeça, diâmetro do olho, comprimento do maxilar, distância pré-dorsal, distância pré-pélvica, distância pré-anal, raios da barbatana dorsal, raios da barbatana anal, raios da barbatana peitoral, escamas pré-pélvicas e brânquias inferiores, respetivamente. Estudos sobre a taxonomia e a descrição (Ramaiyan, 1977; Whitehead, 1985;

Fishbase, 2009), lista de controlo dos peixes de Parangipettai (Ramaiyan *et al.*, 1986-87) e biodiversidade (Rajasegar e Senthilkumar, 2009).

Descrição

Corpo alongado e cilíndrico com um focinho proeminente. A extremidade da maxila atinge (ou ultrapassa) o bordo anterior do pré-ópculo. A barbatana anal começa abaixo do meio da dorsal posterior fontenelas frontais estreitas, bordo lateral reto. Faixa prateada estreita ao longo dos lados do corpo translúcido. Superfície dorsal castanha, 110 linhas de pigmentação dispersas no dorso, barbatanas hialinas em espécimes vivos (Fig. 45). A análise estatística dos caracteres morfométricos e merísticos é apresentada na tabela 43. Comprimento padrão 9,8-11,8 cm, profundidade do corpo 2,2-2,6 cm, comprimento da cabeça 2,6-3,3 cm, profundidade da cabeça 1,4-1,6 cm, diâmetro do olho 0,6-0,8 cm, comprimento maxilar 1-1,3 cm, distância pré-dorsal 5,1-5,9 cm, distância pré-pélvica 4,3-4,7 cm e distância pré-anal 6,1-6,6 cm. Raios da barbatana dorsal 13-15, raios da barbatana peitoral 14-16, raios da barbatana anal 16-18, brânquias inferiores 20-28 e escudos pré-pélvicos 3-5.

Distribuição geográfica

Canal de Moçambique; África Oriental; Mar Vermelho; Golfo Pérsico; Arquipélago Indo-Malaio; Filipinas; Hong Kong e Papuásia; Samoa; Austrália; Barém; Bangladesh; Camboja; China; Comores; Jibuti; Timor-Leste; Egito; Eritreia; Fiji; Guam; Indonésia; Irão; Iraque; Israel; Japão; Jordânia; Quénia; Kuwait; Madagáscar; Malásia; Maldivas; Maurícia; Micronésia; Myanmar; Nova Caledónia; Omã; Paquistão; Quatar; Arábia Saudita; Somália; África do Sul; Sri Lanka; Sudão; Taiwan; Tanzânia; Tailândia; Tonga; Vietname e Iémen.

Tabela 43. Desvio-padrão e erro-padrão para caracteres morfométricos e merísticos de *Stolephorus indicus*

Parâmetros	Média	Erro Std.	Mediana	Modo	Desvio Std. Desvio
Comprimento padrão	10.690	0.124	11	11	0.678
Profundidade do corpo	2.480	0.025	3	3	0.135
Comprimento da cabeça	2.970	0.044	3	3	0.241
Profundidade da cabeça	1.520	0.014	2	2	0.076
Diâmetro do olho	0.700	0.017	1	1	0.091
Comprimento do maxilar	1.150	0.019	1	1	0.104
Distância pré-dorsal	5.530	0.039	6	5	0.214
Distância pré-pélvica	4.520	0.027	5	5	0.149
Distância pré-anal	6.390	0.029	6	7	0.160
Raios da barbatana dorsal	14.100	0.130	14	14	0.712
Raios da barbatana anal	17.000	0.144	17	17	0.788
Raios da barbatana peitoral	15.100	0.154	15	16	0.845
Escudos pré-pélvicos	4.000	0.117	4	4	0.643
Brânquias inferiores	23.400	0.539	23	28	2.955

Stolephorus tri (Bleeker, 1852) (Fig. 46; Quadro 44)

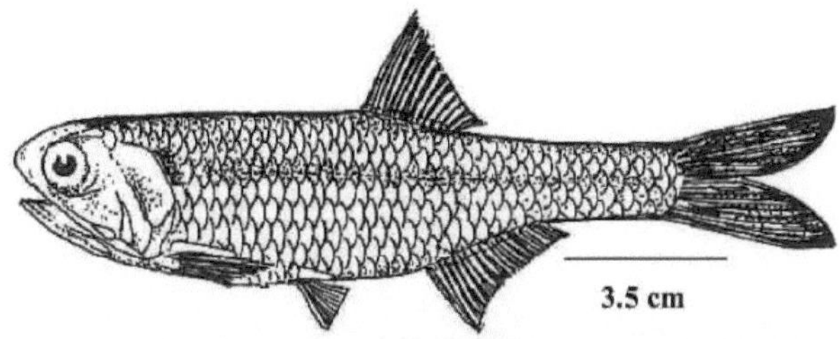

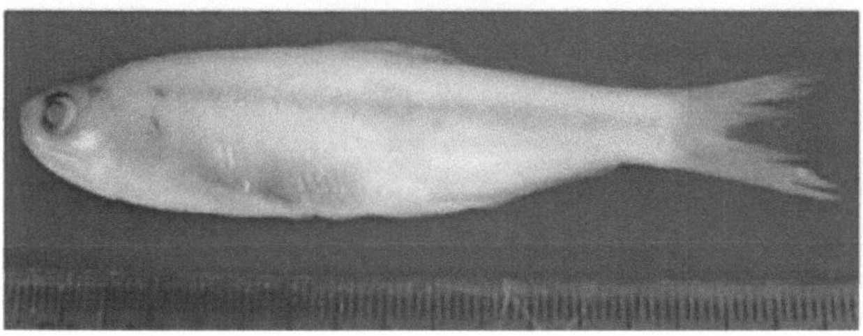

Fig. 46. *Stolephorus tri*

Espécie-tipo

Holótipo : CAS/MBRC/828, 7 cm SL, Índia, costa leste, Parangipettai, 11°29'10.29 "N, 79°47'40.47 "E; A. Arockiamary; agosto, 2009.

***Parátipo*:** CAS/MBRC/829, 8 cm SL, Índia, costa leste, Nagapattinam, 10°45'7.98" N, 79°53'23.97 "E; A. Arockiamary; agosto, 2009.

Diagnóstico

Um total de 34 espécimes desta espécie foram recolhidos em Puducherry, Parangipettai e Nagapattinam em 2008 e 2009. A presente descrição está de acordo com a de Whitehead (1985). Os valores da média, erro padrão, meadiana, moda e desvio padrão relativos a 13 caracteres são apresentados no quadro 44. O erro padrão e o desvio padrão foram: 0,189 e 1,104; 0,014 e 0,081; 0,026 e 0,154; 0,009 e 0,050; 0,013 e 0,077; 0,013 e 0,077; 0,028 e 0,162; 0,020 e 0,117; 0,092 e 0,535; 0,087 e 0,508; 0,081 e 0,475; 0,170 e 0,991; 0,134 e 0.781, para o comprimento padrão, profundidade do corpo, comprimento da cabeça, profundidade da cabeça, diâmetro do olho, comprimento do maxilar, distância pré-dorsal, distância pré-anal, raios da barbatana dorsal, raios da barbatana anal, raios da barbatana peitoral, escamas pré-pélvicas e brânquias inferiores, respetivamente. Estudos sobre os ovos e as larvas (Ramaiyan *et al.*, 2005) e taxonomia e descrição (Whitehead, 1985; Fishbase, 2009).

Descrição

Corpo alongado e comprimido. A barbatana peitoral toca a pélvica (Fig. 46). O corpo era de cor prateada. A análise estatística dos caracteres morfométricos e merísticos é apresentada na tabela 44. Comprimento padrão 5,0-8,2 cm, profundidade do corpo 2,1-2,3 cm, comprimento da cabeça 2,52,9 cm, profundidade da cabeça 1,4-1,5 cm, diâmetro do olho 0,3-0,5 cm, comprimento da maxila 1-1,2 cm, distância pré-dorsal 3,2-3,7 cm, distância peitoral 1,5-1,8 cm, distância pré-anal 3,7-4 cm. Raios da barbatana dorsal 11-13, raios da barbatana peitoral 10-11, raios da barbatana anal 17-18, brânquias inferiores 28-30 e escudos pré-pélvicos 4-7.

Distribuição geográfica

Comboida; China; Indonésia; Malásia; Singapura; Taiwan; Tailândia; Vietname e Filipinas.

Tabela 44. Desvio padrão e erro padrão para caracteres morfométricos e merísticos de *Stolephorus tri*

Parâmetros	Média	Erro Std.	Mediana	Modo	Desvio Std. Desvio
Comprimento padrão	7.009	0.189	7	8	1.104
Profundidade do corpo	2.221	0.014	2	2	0.081
Comprimento da cabeça	2.694	0.026	3	3	0.154
Profundidade da cabeça	1.456	0.009	2	2	0.050
Diâmetro do olho	0.412	0.013	0	0	0.077
Comprimento do maxilar	1.112	0.013	1	1	0.077
Distância pré-dorsal	3.474	0.028	4	3	0.162
Distância pré-anal	3.871	0.020	4	4	0.117
Raios da barbatana dorsal	12.324	0.092	12	12	0.535
Raios da barbatana anal	17.500	0.087	18	18	0.508
Raios da barbatana peitoral	10.676	0.081	11	11	0.475
Raios pré-pélvicos	5.441	0.170	6	6	0.991
Brânquias inferiores	28.765	0.134	29	28	0.781

Stolephorus waitei (Jordan & Seale, 1926) (Fig. 47; Tabela 45)

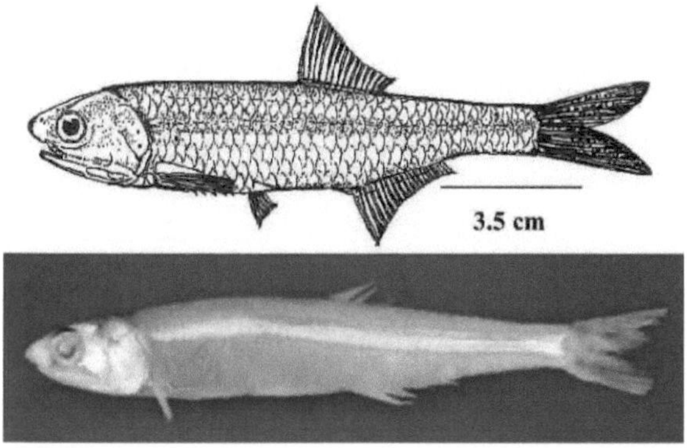

Fig. 47. *Stolephorus waitei*

Espécie-tipo

Holótipo : CAS/MBRC/860, 10 cm SL, Índia, costa leste, Puducherry, 11°48'24.29" N, 79°48'1.42" E; A. Arockiamary; setembro, 2009.

Parátipo: CAS/MBRC/861, 11 cm SL, Índia, costa leste, Nagapattinam, 10°45'7.98" N, 79°53'23.97 "E; A. Arockiamary; setembro, 2009.

Diagnóstico

Um total de 37 espécimes desta espécie foram recolhidos em Puducherry, Parangipettai e Nagapattinam durante 2008 e 2009. A presente descrição está de acordo com as de Whitehead (1985). Os valores da média, do erro padrão, da meadiana, da moda e do desvio padrão relativos a 13 caracteres são apresentados no quadro 45. O erro padrão e o desvio padrão foram: 0,044 e 0,266; 0,033 e 0,199; 0,021 e 0,127; 0,008 e 0,050; 0,010 e 0,060; 0,042 e 0,255; 0,019 e 0,116; 0,115 e 0,699; 0,149 e 0,906; 0,000 e 0,000; 0,000 e 0,000; 0,251 e 1,527; 0,115 e 0.699, para o comprimento padrão, profundidade do corpo, comprimento da cabeça, diâmetro dos olhos, distância pré-dorsal, distância pré-anal, distância peitoral, raios da barbatana dorsal, raios da barbatana anal, raios da barbatana peitoral, raios da barbatana pélvica, brânquias inferiores e escamas pré-pélvicas, respetivamente. Estudos sobre a taxonomia e a descrição (Whitehead, 1985; Fishbase, 2009).

Descrição

Ponta da maxila pontiaguda, atingindo a borda posterior do pré-opérculo, este último quase sempre convexo, arredondado. As pontas das barbatanas pélvicas raramente atingiam a origem da barbatana dorsal. Numerosas manchas negras estavam presentes por baixo do olho e na ponta do maxilar inferior, pelo que se distingue geralmente de outras espécies; uma mancha escura atrás do occipital (Fig. 47). A análise estatística dos caracteres morfométricos e merísticos é apresentada na tabela 45. Comprimento padrão 10,5-11,3 cm, profundidade do corpo 1,9-2,5 cm, comprimento da cabeça 1,9-2,3 cm, diâmetro do olho 0,7-0,8 cm, distância pré-dorsal 6,0-6,2 cm, distância pré-anal 6,5-7,3 cm e distância peitoral 1,0-1,3 cm. Raios da barbatana dorsal 15-17, raios da barbatana peitoral 8, raios da barbatana pélvica 6, raios da barbatana anal 18-20, brânquias inferiores 19-25 e escamas pré-pélvicas 5-7.

Distribuição geográfica

Indo-Pacífico; Oceano Índico ocidental (de Cochim e do extremo sul da Índia até Myanmar) e Pacífico ocidental (Tailândia; Mar de Java; Filipinas, provavelmente Irian Jaya; se não também Papua-Nova Guiné; Sul até Queensland); Austrália; Bangladesh; Indonésia; Malásia; Myanmar; Singapura; Sri Lanka; Taiwan e Vietname.

Tabela 45. Desvio padrão e erro padrão para caracteres morfométricos e merísticos de *Stolephorus waitei*

Parâmetros	Média	Erro Std.	Mediana	Modo	Desvio Std. Desvio
Comprimento padrão	10.908	0.044	11	11	0.266
Profundidade do corpo	2.335	0.033	2	3	0.199
Comprimento da cabeça	2.105	0.021	2	2	0.127
Diâmetro do olho	0.759	0.008	1	1	0.050
Distância pré-dorsal	6.124	0.010	6	6	0.060
Distância pré-anal	6.900	0.042	7	7	0.255
Distância peitoral	1.176	0.019	1	1	0.116
Raios da barbatana dorsal	16.108	0.115	16	16	0.699
Raios da barbatana anal	19.108	0.149	19	20	0.906
Raios da barbatana peitoral	8.000	0.000	8	8	0.000
Raios da barbatana pélvica	6.000	0.000	6	6	0.000
Brânquias inferiores	21.054	0.251	21	21	1.527
Escudos pré-pélvicos	6.108	0.115	6	6	0.699

Género *Thryssa* Cuvier, 1829

Corpo fusiforme e fortemente comprimido; ventre com uma quilha afiada de escamas. Focinho sem corte com maxila mais comprida. A origem da barbatana anal situa-se imediatamente atrás do último raio dorsal. A cor do corpo é azul na parte dorsal e os flancos são brancos prateados. No género *Thryssa*, foram registadas dez espécies no presente estudo.

Thryssa baelama (Forsskal, 1775) (Fig. 48; Quadro 46)

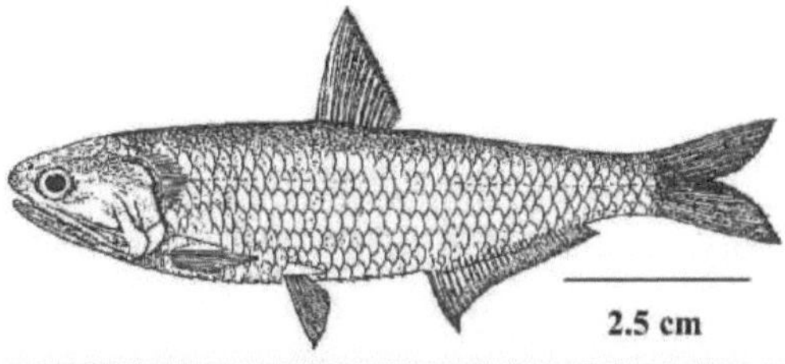

Fig. 48. ***Thryssa baelama***

Espécie-tipo

Holótipo : CAS/MBRC/611, 11 cm SL, Índia, costa leste, Nagapattinam, 10°45'7.98" N, 79°53'23.97" E; A. Arockiamary; fevereiro, 2009.

Parátipo: CAS/MBRC/630, 13 cm SL, Índia, costa leste, Puducherry, 11°48'24.29" N, 79°48'1.42" E; A. Arockiamary; março, 2009.

Diagnóstico

Um total de 40 espécimes desta espécie foram recolhidos em Puducherry, Parangipettai e Nagapattinam em 2008 e 2009. Os espécimes actuais concordam bem com as descrições anteriores dadas por Ramaiyan (1977) e Whitehead (1985). Os valores da média, do erro padrão, da meadiana, da moda e do desvio padrão relativos a 14 caracteres são apresentados no quadro 46. O erro padrão e o desvio padrão foram: 0,201 e 1,269; 0,030 e 0,187; 0,027 e 0,171; 0,014 e 0,092; 0,024 e 0,153; 0,042 e 0,263; 0,027 e 0,171; 0,128 e 0,810; 0,297 e 1,881; 0,128 e 0,810; 0,129 e 0,813; 0,000 e 0,000; 0,129 e 0,813; 0,455 e 2.877, para o comprimento padrão, a profundidade do corpo, o comprimento da cabeça, o diâmetro dos olhos, o comprimento do maxilar, a distância pré-dorsal, a distância pré-anal, os raios da barbatana dorsal, os raios da barbatana anal, os raios da barbatana peitoral, as escamas pré-pélvicas, as escamas pós-pélvicas, as escamas totais e as brânquias, respetivamente. Estudos sobre a biologia (Sadhasivam, 1965), maturidade e desova (Marichamy, 1970), alimentação (Marichamy, 1972), taxonomia e descrição (Whitehead, 1965, 1966, 1985; Ramaiyan, 1977; Fishbase, 2009).

Descrição

Corpo moderadamente comprimido, com largura pouco superior ao dobro da profundidade, ventre não fortemente quilhado, escamas começando atrás do peitoral. A porção muscular do istmo estava bem à frente da margem da membrana branquiostegial. Pseudobrânquios bem expostos, ligeiramente mais compridos do que o diâmetro dos olhos, pontas dos maxilares pontiagudas, atingindo um pouco para além da articulação da mandíbula inferior. As brânquias são delgadas, com 4/5 do diâmetro do olho e cerca de 1½ vezes o comprimento do filamento branquial mais longo. A origem da barbatana anal situa-se atrás do último raio dorsal. A superfície dorsal do corpo era castanha clara, as barbatanas eram hialinas no espécime vivo (Fig. 48). A análise estatística dos caracteres morfométricos e merísticos é apresentada na tabela 46. Comprimento padrão 10,8-14,2 cm, profundidade do corpo 2,1-2,6 cm, comprimento da cabeça 2,2-2,7 cm, diâmetro do olho 0,6-0,8 cm, comprimento maxilar 2,2-2,6 cm, distância pré-dorsal 4,4-5,3 cm e distância pré-anal 6,8-7,3 cm. Raios da barbatana dorsal 14-16, raios da barbatana anal 27- 33, brânquias inferiores 18-26, escudos pré-pélvicos 5-7, pós-pélvicos 9 e escudos totais 14-16.

Distribuição geográfica

Índia; Indonésia; Irão; Iraque; Israel; Japão; Jordânia; Quénia; Madagáscar; Malásia; Maurícia; Moçambique; Micronésia; Nova Caledónia; Omã; Filipinas; Reunião; Arábia Saudita; Singapura; Somália; Sri Lanka; Sudão; Tanzânia; Tailândia; Tongo; Vanuatu e Iémen.

Tabela 46. Desvio padrão e erro padrão para caracteres morfométricos e merísticos de *Thryssa baelama*.

Parâmetros	Média	Erro Std.	Mediana	Modo	Desvio Std. Desvio
Comprimento padrão	12.633	0.201	13	11	1.269
Profundidade do corpo	2.333	0.030	2	2	0.187
Comprimento da cabeça	2.443	0.027	2	2	0.171
Diâmetro do olho	0.708	0.014	1	1	0.092
Comprimento do maxilar	2.425	0.024	3	3	0.153
Distância pré-dorsal	4.813	0.042	5	5	0.263
Pré e distância	6.995	0.027	7	7	0.171
Raios da barbatana dorsal	15.100	0.128	15	16	0.810
Raios da barbatana anal	29.475	0.297	29	28	1.881
Raios da barbatana	13.900	0.128	14	13	0.810

peitoral					
Escudos pré-pélvicos	6.425	0.129	7	7	0.813
Escudos pós-pélvicos	9.000	0.000	9	9	0.000
Total de escudos	15.425	0.129	16	16	0.813
Desfolhadores	21.925	0.455	21	25	2.877

Thryssa dussumieri (Valenciennes, 1848) (Fig. 49; Quadro 47)

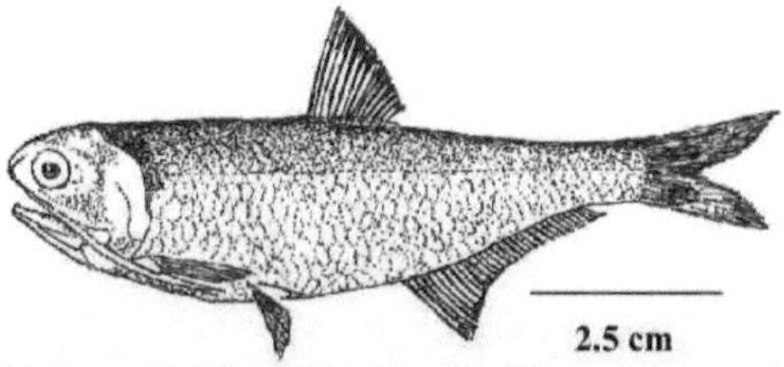

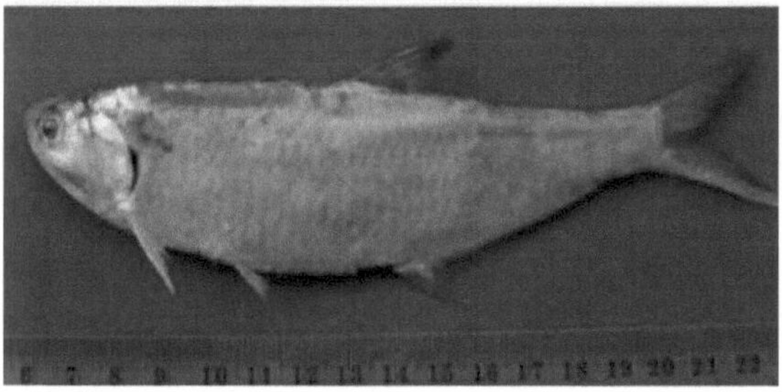

Fig. 49. *Thryssa dussumieri*

Espécie-tipo

Holótipo : CAS/MBRC/481, 10 cm SL, Índia, costa leste, Parangipettai, 11°29'10.29 "N, 79°47'40.47 "E; A. Arockiamary; outubro, 2008.

Parátipo: CAS/MBRC/571, 11 cm SL, Índia, costa leste, Puducherry, 11°48'24.29" N, 79°48'1.42" E; A. Arockiamary; janeiro, 2009.

Diagnóstico

Um total de 34 espécimes desta espécie foram recolhidos em Puducherry, Parangipettai e Nagapattinam em 2008 e 2009. Os materiais examinados confirmam bem as descrições anteriores dadas por Ramaiyan (1977) e Whitehead (1985). A média, o erro-padrão, a meadiana, a moda e o desvio-padrão relativos a 15 caracteres são apresentados no quadro 47. O erro padrão e o desvio padrão foram: 0,246 e 1,433; 0,079 e 0,462; 0,023 e 0,131; 0,025 e 0,144; 0,018 e 0,105; 0,134 e 0,784; 0,053 e 0,310; 0,085 e 0,496; 0,143 e 0,834; 0,415 e 2,418; 0,087 e 0,507; 0,255 e 1,487; 0,145 e 0,844; 0,295 e 1,722; 0,122 e 0.712, para o comprimento padrão, profundidade do corpo, comprimento da cabeça, profundidade da cabeça, diâmetro do olho, comprimento do maxilar, distância pré-dorsal, distância pré-anal, raios da barbatana dorsal, raios da barbatana anal, raios da barbatana peitoral, escamas pré-pélvicas, escamas pós-pélvicas, escamas totais e brânquias, respetivamente. Estudos sobre os juvenis (Chacko, 1949), alimentação dos juvenis (Bapat e Bal, 1950), reprodução (Dharmamba, 1960), taxonomia e descrição (Whitehead, 1967; Ramaiyan, 1977; Fishbase, 2009), relação entre comprimento e peso (Hoda, 1976) e biologia reprodutora e relação entre comprimento e peso (Truhsakaker e Uchiyama, 1976).

Descrição

Corpo profundo, fortemente comprimido, com uma largura 31/2 vezes superior à profundidade, ventre fortemente quilhado. A cabeça é ligeiramente mais curta do que a profundidade do corpo. O focinho era um pouco mais curto do que o diâmetro dos olhos. Pseudobrânquio presente, coberto por uma membrana, à exceção da ponta do filamento. A barbatana dorsal é constituída por uma placa escamosa com um espinho curto, cuja origem dorsal está mais próxima da ponta do focinho do que da base dorsal. 1/5 superior do corpo castanho-acinzentado, restante flanco castanho-claro, vénulas numerais com linhas longitudinais de melanóforos, linha castanho-avermelhada escura ao longo da base da barbatana anal, franja escura na barbatana caudal e anal em espécimes vivos (Fig. 49). A análise estatística dos caracteres morfométricos e merísticos é apresentada na tabela 47. Comprimento padrão 7,1-11,0 cm, profundidade do corpo 2,4-3,7 cm, comprimento da cabeça 2,3-2,7 cm, profundidade da cabeça 2,1-2,5 cm, diâmetro do olho 0,6-0,9 cm, comprimento maxilar 2,5-4,7 cm, distância pré-dorsal 4,2-5,2 cm e distância pré-anal 5,3-6,7 cm. Raios da barbatana dorsal 14-16, raios da barbatana peitoral 11-12, raios da barbatana anal 34-40, brânquias 18-20, escudos pré-pélvicos 13-17, escudos pós-pélvicos 8-10 e escudos totais 21-27. Trata-se de uma espécie relativamente muito pequena.

Distribuição geográfica

Mar Arábico; Paquistão; Índia; Malásia; Bangladesh; China; Hong Kong; Indonésia; Malásia; Myanmar; Singapura; Sri Lanka; Sudão; Taiwan; Tailândia e Vietname.

Tabela 47. Desvio padrão e erro padrão para caracteres morfométricos e merísticos de *Thryssa dussumieri*

Parâmetros	Média	Erro Std.	Mediana	Modo	Desvio Std. Desvio
Comprimento padrão	9.153	0.246	10	7	1.433
Profundidade do corpo	2.982	0.079	3	3	0.462
Comprimento da cabeça	2.482	0.023	3	3	0.131
Profundidade da cabeça	2.285	0.025	2	2	0.144
Diâmetro do olho	0.741	0.018	1	1	0.105
Comprimento do maxilar	3.638	0.134	4	3	0.784
Distância pré-dorsal	4.785	0.053	5	5	0.310

Distância pré-anal	6.041	0.085	6	7	0.496
Raios da barbatana dorsal	14.824	0.143	15	14	0.834
Raios da barbatana anal	37.029	0.415	37	40	2.418
Raios da barbatana peitoral	11.529	0.087	12	12	0.507
Escudos pré-pélvicos	15.176	0.255	15	17	1.487
Escudos pós-pélvicos	8.882	0.145	9	8	0.844
Total de escudos	24.059	0.295	25	25	1.722
Desfolhadores	18.912	0.122	19	19	0.712

Thryssa hamiltonii (Gray, 1835) (Fig. 50; Quadro 48)

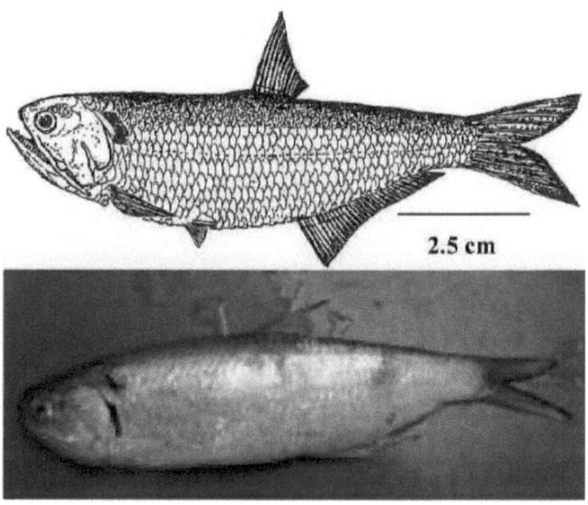

Fig. 50. ***Thryssa hamiltonii***

Espécie-tipo

Holótipo **:** CAS/MBRC/532, 13,5 cm SL, Índia, costa leste, Parangipettai, 11°29'10.29 "N, 79°47'40.47 "E; A. Arockiamary; dezembro, 2008.

***Parátipo*:** CAS/MBRC/754, 14.3 cm SL, Índia, costa leste, Nagapattinam, 10°45'7.98" N, 79°53'23.97 "E; A. Arockiamary; junho, 2009.

Diagnóstico

Um total de 33 espécimes desta espécie foram recolhidos em Puducherry, Parangipettai e Nagapattinam durante 2008 e 2009. Os materiais examinados confirmam bem a descrição anterior dada por Whitehead (1985). A média, o erro padrão, a meadiana, a moda e o desvio padrão relativos a 13 caracteres são apresentados no quadro 48. O erro padrão e o desvio padrão foram: 0,457 e 2,624; 0,038 e 0,218; 0,025 e 0,145; 0,059 e 0,340; 0,019 e 0,112; 0,127 e 0,728; 0,047 e 0,270; 0,071 e 0,410; 0,137 e 0,785; 0,087 e 0,502; 0,150 e 0,864; 0,150 e 0,864; 0,154 e 0.883, para o comprimento padrão, profundidade do corpo, comprimento da cabeça, profundidade da cabeça, diâmetro do olho, comprimento do maxilar, comprimento da barbatana peitoral, distância pré-anal, distância pré-dorsal, raios da barbatana dorsal, raios da barbatana anal, brânquias inferiores e total de escamas, respetivamente. Estudos sobre a taxonomia e a descrição (Whitehead, 1965, 1985; Ramaiyan, 1977; Fishbase, 2009).

Descrição

Corpo fusiforme, fortemente comprimido; ventre com uma quilha afiada de escamas. A maxila é curta. A cor do corpo era azul na dorsal ou castanha, com bandas medianas escuras, flancos prateados; uma área venulosa preta atrás da abertura branquial (Fig. 50). A análise estatística dos caracteres morfométricos e merísticos é apresentada na tabela 48.Comprimento padrão 7,9-15,7 cm, profundidade do corpo 2,2-3,0 cm, comprimento da cabeça 2,2-2,7 cm, profundidade da cabeça 1,3 -2,5 cm, diâmetro do olho 0,5-0,9 cm, comprimento maxilar 1,2-3,1 cm, comprimento da barbatana peitoral 0,8-1,8 cm, distância pré-dorsal 3,7-5,8 cm, distância pré-anal 5,5-6,7 cm. Raios da barbatana dorsal 12-13, raios da barbatana anal 35-37, brânquias inferiores 12-14 e escudos pré-pélvicos 24-26.

Distribuição geográfica

Austrália; Barém; Bangladesh; Combodja; China; Hong Kong; Índia; Indonésia; Irão; Iraque; Japão; Coreia; Kuwait; Malásia; Myanmar; Omã; Paquistão; Filipinas; Arábia Saudita; Singapura; Sri Lanka; Tailândia e Vietname.

Tabela 48. Desvio-padrão e erro-padrão para caracteres morfométricos e merísticos de *Thryssa hamiltonii*

Parâmetros	Média	Erro Std.	Mediana	Modo	Desvio Std. Desvio
Comprimento padrão	12.718	0.457	13	15	2.624
Profundidade do corpo	2.645	0.038	3	3	0.218
Comprimento da cabeça	2.497	0.025	3	3	0.145
Profundidade da cabeça	2.009	0.059	2	2	0.340
Diâmetro do olho	0.642	0.019	1	1	0.112
Comprimento do maxilar	2.173	0.127	2	3	0.728
Comprimento da barbatana peitoral	1.236	0.047	1	1	0.270
Distância pré-anal	6.182	0.071	6	7	0.410
Distância pré-dorsal	4.767	0.137	4	6	0.785
Raios da barbatana dorsal	12.576	0.087	13	13	0.502
Raios da barbatana anal	36.061	0.150	36	37	0.864
Brânquias inferiores	13.061	0.150	13	14	0.864
Total de escudos	25.030	0.154	25	26	0.883

Thryssa kammalensis (Bleeker, 1849) (Fig. 51; Quadro 49)

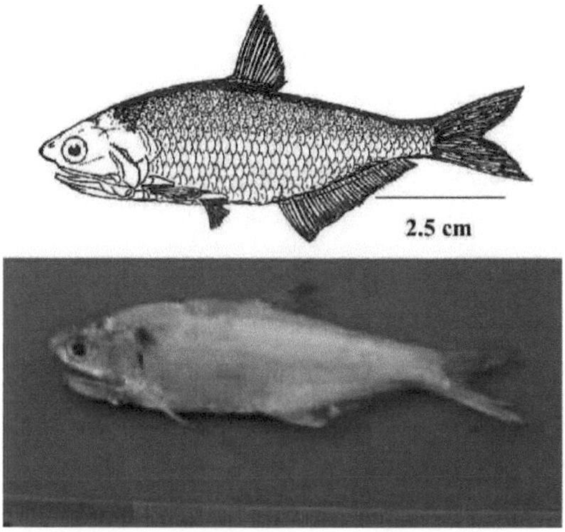

Fig. 51. ***Thryssa kammalensis***

Espécie-tipo

Holótipo : CAS/MBRC/881, 13 cm SL, Índia, costa leste, Nagapattinam, 10°45'7.98" N, 79°53'23.97" E; A. Arockiamary; setembro, 2009.

Parátipo: CAS/MBRC/882, 15 cm SL, Índia, costa leste, Parangipettai, 11°29'10.29 "N, 79°47'40.47 "E; A. Arockiamary; setembro, 2009.

Diagnóstico

Um total de 33 espécimes desta espécie foram recolhidos em Puducherry, Parangipettai e Nagapattinam em 2008 e 2009. Os espécimes actuais concordam bem com as descrições anteriores dadas por Whitehead (1985). Esta espécie foi identificada e confirmada por V. Ramaiyan, antigo professor e diretor de biologia das pescas CAS em Biologia Marinha, Universidade de Annamalai, Parangipettai, Índia. Os valores da média, do erro padrão, da média, da moda e do desvio padrão relativos a 13 caracteres são apresentados no quadro 49. O erro padrão e o desvio padrão foram: 0,450 e 2,587; 0,050 e 0,284; 0,048 e 0,276; 0,029 e 0,165; 0,013 e 0,075; 0,065 e 0,371; 0,038 e 0,218; 0,085 e 0,489; 0,203 e 1,166; 0,085 e 0,489; 0,087 e 0,502; 0,157 e 0,899; 0,180 e 1.034 para o comprimento padrão, profundidade do corpo, comprimento da cabeça, profundidade da cabeça, diâmetro dos olhos, distância pré-dorsal, distância pré-anal, raios da barbatana dorsal, raios da barbatana anal, escamas pré-pélvicas, escamas pós-pélvicas, escamas totais e brânquias, respetivamente. Esta espécie é registada pela primeira vez em águas indianas. Estudos sobre a taxonomia e descrições (Whitehead, 1985; Fishbase, 2009) e descrição e ontogenia (Sarpeadonti *et al.*, 2000).

Descrição

Corpo comprimido, maxila moderada, atingindo apenas a abertura branquial (Fig. 51). A análise estatística dos caracteres morfométricos e merísticos é apresentada na tabela 49. Comprimento padrão 10,4-16,2 cm, profundidade do corpo 3,0-3,8 cm, comprimento da cabeça 2,1-2,9 cm, profundidade da cabeça 2,0 -2,4 cm, diâmetro do olho 0,6-0,8 cm, distância pré-dorsal 4,5-5,5 cm e distância pré-anal 6,0-6,6 cm. Raios da barbatana dorsal 13-14, raios da barbatana anal 30-33, brânquias inferiores 28-31, escudos pré-pélvicos 15-16, escudos pós-pélvicos 8-9 e escudos totais 23-25.

Distribuição geográfica

China; Hong Kong; Indonésia; Coreia; Malásia; Singapura; Taiwan; Tailândia e Vietname e costa sudeste da Índia pelo presente estudo.

Tabela 49. Desvio padrão e erro padrão para caracteres morfométricos e merísticos de *Thryssa kamalensis*

Parâmetros	Média	Erro Std.	Mediana	Modo	Desvio Std. Desvio
Comprimento padrão	13.161	0.450	12	12	2.587
Profundidade do corpo	3.418	0.050	3	3	0.284
Comprimento da cabeça	2.476	0.048	2	2	0.276
Profundidade da cabeça	2.170	0.029	2	2	0.165
Diâmetro do olho	0.724	0.013	1	1	0.075
Distância pré-dorsal	5.024	0.065	5	5	0.371
Distância pré-anal	6.273	0.038	6	6	0.218
Raios da barbatana dorsal	13.636	0.085	14	14	0.489
Raios da barbatana anal	31.879	0.203	32	33	1.166
Escudos pré-pélvicos	15.636	0.085	16	16	0.489
Escudos pós-pélvicos	8.424	0.087	8	8	0.502
Total de escudos	24.061	0.157	24	25	0.899
Desfolhadores	29.455	0.180	29	29	1.034

Thryssa malabarica (Bloch, 1795) (Fig. 52; Quadro 50)

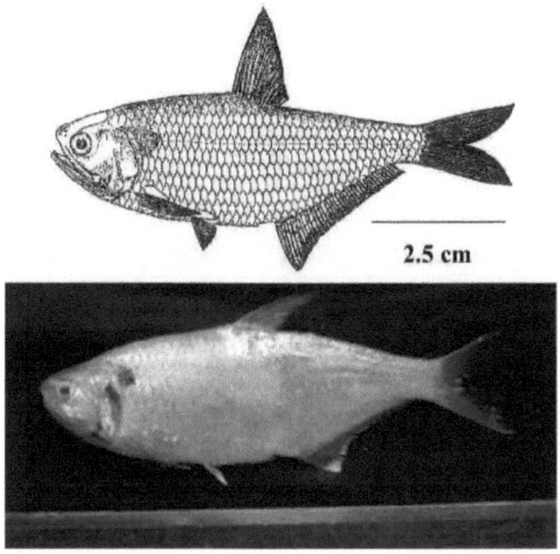

Fig. 52. *Thryssa malabarica*

Espécie-tipo

Holótipo : CAS/MBRC/477, 10 cm SL, Índia, costa leste, Nagapattinam, 10°45'7.98" N, 79°53'23.97" E; A. Arockiamary; novembro, 2008.

Parátipo: CAS/MBRC/478, 15 cm SL, Índia, costa leste, Puducherry, 11°48'24.29" N, 79°48'1.42" E; A. Arockiamary; novembro, 2008.

Diagnóstico

Um total de 35 espécimes desta espécie foram recolhidos em Puducherry, Parangipettai e Nagapattinam em 2008 e 2009. As descrições dos espécimes concordam bem com os caracteres morfométricos apresentados por Ramaiyan (1977) e Whitehead (1985). Os valores da média, erro-padrão, meadiana, moda e desvio-padrão relativos a 15 caracteres são apresentados no quadro 50. O erro padrão e o desvio padrão foram: 0,533 e 3,151; 0,040 e 0,235; 0,028 e 0,166; 0,029 e 0,173; 0,013 e 0,076; 0,038 e 0,224; 0,044 e 0,261; 0.059 e 0,351; 0,144 e 0,853; 0,303 e 1,792; 0,151 e 0,891; 0,086 e 0,507; 0,132 e 0,781; 0,137 e 0,812; 0,154 e 0.912, para o comprimento padrão, profundidade do corpo, comprimento da cabeça, profundidade da cabeça, diâmetro do olho, comprimento do maxilar, distância predorsal, distância pré-anal, raios da barbatana dorsal, raios da barbatana peitoral, escamas pré-pélvicas, escamas pós-pélvicas, escamas totais e brânquias, respetivamente. Estudos sobre a taxonomia e a descrição (Whitehead, 1965, 1985; Ramaiyan, 1977; Fishbase, 2009), a biodiversidade (Rajasegar e Senthilkumar, 2009) e a biologia e identificação das populações (Anandan, 1985).

Descrição

Focinho ligeiramente avançado em relação ao maxilar inferior. A maxila dialectava acima do ponto mandibular e estendia-se posteriormente à abertura branquial. Pseudobrânquio rudimentar. A parte dorsal começa mais perto do focinho do que da base da barbatana caudal. A parte anal começa atrás da vertical do último raio dorsal. Mancha prateada com dourado e roxo nos flancos e uma mancha preta no ombro, barbatanas amarelas, bordos dorsal e caudal com preto, peitoral por vezes preto nos exemplares vivos (Fig. 52). A análise estatística dos caracteres morfométricos e merísticos é apresentada na tabela 50. Comprimento padrão 8,4-17,0 cm, profundidade do corpo 3,23,9 cm, comprimento da cabeça 2,1-2,6 cm, profundidade da cabeça 2,1-2,7 cm, diâmetro do olho 0,6-0,8 cm, comprimento maxilar 2,1-2,8 cm, distância pré-dorsal 4,4-5,2 cm e distância pré-anal 5,5-6,6 cm. Raios da barbatana dorsal 14 -16, raios da barbatana peitoral 12-14, raios da barbatana anal 34-42, brânquias inferiores 17-19, escudos pré-pélvicos 15-16, escudos pós-pélvicos 9-11 e escudos totais 24-26.

Distribuição geográfica

Nordeste de África ou Mar Vermelho; Paquistão; Índia; Canadá; Moçambique e Sri Lanka.

Tabela 50. Desvio-padrão e erro-padrão para caracteres morfométricos e merísticos de *Thryssa malabarica*

Parâmetros	Média	Erro Std.	Mediana	Modo	Desvio Std. Desvio
Comprimento padrão	12.523	0.533	12	10	3.151
Profundidade do corpo	3.517	0.040	4	3	0.235
Comprimento da cabeça	2.329	0.028	2	2	0.166
Profundidade da cabeça	2.394	0.029	2	2	0.173
Diâmetro do olho	0.680	0.013	1	1	0.076
Comprimento do maxilar	2.477	0.038	2	3	0.224
Distância pré-dorsal	4.780	0.044	5	5	0.261
Distância pré-anal	5.957	0.059	6	6	0.351
Raios da barbatana dorsal	15.086	0.144	15	16	0.853
Raios da barbatana anal	36.286	0.303	36	38	1.792
Raios da barbatana peitoral	12.971	0.151	13	12	0.891
Escudos pré-pélvicos	15.514	0.086	16	16	0.507
Escudos pós-pélvicos	9.914	0.132	10	10	0.781

Total de escudos	24.600	0.137	24	24	0.812
Brânquias inferiores	18.143	0.154	18	19	0.912

Thryssa mystax (Bloch & Schneider, 1801) (Fig. 53; Quadro 51)

Fig. 53. ***Thryssa mystax***

Espécie-tipo

Holótipo : CAS/MBRC/794, 11,5 cm SL, Índia, costa leste, Puducherry, 11°48'24.29" N, 79°48'1.42" E; A. Arockiamary; julho, 2009.

Parátipo: CAS/MBRC/795, 15 cm SL, Índia, costa leste, Parangipettai, 11°29'10.29 "N, 79°47'40.47 "E; A. Arockiamary; julho, 2009.

Diagnóstico

Os espécimes concordam bem com as descrições anteriores dadas por Ramaiyan (1977) e Whitehead (1985). Os valores da média, do erro padrão, da meadiana, da moda e do desvio padrão relativos a 13 caracteres são apresentados no quadro 51. O erro padrão e o desvio padrão foram: 0,486 e 2,661; 0,032 e 0,175; 0,022 e 0,122; 0,064 e 0,349; 0,026 e 0,142; 0,114 e 0,626; 0,048 e 0,262; 0,075 e 0,413; 0,247 e 1,352; 0,100 e 0,548; 0,446 e 2,445; 0,139 e 0,759; 0,142 e 0.776, para o comprimento padrão, profundidade do corpo, comprimento da cabeça, profundidade da cabeça, diâmetro do olho, comprimento do maxilar, comprimento da barbatana peitoral, distância pré-anal, distância pré-dorsal, raios da barbatana dorsal, raios da barbatana anal, brânquias inferiores e escamas, respetivamente. Estudos sobre os ovos e as larvas (Gopinath, 1946; Basheerudin e Nayar, 1962; Rao, 1967), biologia (Venkadaraman, 1956), reprodução

(Dharmamba, 1960), taxonomia e descrição (Dutt, 1961; Whitehead, 1966; Ramaiyan, 1977; Whitehead, 1985; Fishbase, 2009), biologia e identificação da população (Anandan, 1985) e relação comprimento-peso (Abdurahiman *et al.*, 2004).

Descrição

Corpo alongado e robusto e focinho pontiagudo. A maxila atinge a base do peitoral. A forma da boca é quase horizontal. As ventrais originam-se antes da dorsal. A barbatana anal começa imediatamente atrás da barbatana dorsal. Corpo preto esverdeado escuro, lados amarelo claro tornando-se prateado em direção à face ventral, vénulas pretas no ombro, todas as barbatanas amareladas, dorsal e caudal bordejadas de preto nos exemplares vivos (Fig. 53). A análise estatística dos caracteres morfométricos e merísticos é apresentada na tabela 51. Foi recolhido um total de 30 espécimes desta espécie em Puducherry, Parangipettai e Nagapattinam em 2008 e 2009. Comprimento padrão 7,8-15,5 cm, profundidade do corpo 2,3- 2,9 cm, comprimento da cabeça 2,3-2,6 cm, profundidade da cabeça 1,3-2,5 cm, diâmetro do olho 0,5-0,9 cm, comprimento maxilar 1,6-3,4 cm, comprimento da barbatana peitoral 0,9-1,8 cm, distância pré-dorsal 1,0-5,7 cm e distância pré-anal 5,7-6,8 cm. Raios da barbatana dorsal 14-16, raios da barbatana anal 29-37, brânquias inferiores 14-16 e escamas totais 27-29.

Distribuição geográfica

Índia; Singapura; Tailândia; Indonésia; Nova Guiné; Bornéu e Taiwan.

Tabela 51. Desvio padrão e erro padrão para caracteres morfométricos e merísticos de *Thryssa mystax*

Parâmetros	Média	Erro Std.	Mediana	Modo	Desvio Std. Desvio
Comprimento padrão	12.390	0.486	12	15	2.661
Profundidade do corpo	2.580	0.032	3	3	0.175
Comprimento da cabeça	2.440	0.022	2	3	0.122
Profundidade da cabeça	2.000	0.064	2	2	0.349
Diâmetro do olho	0.680	0.026	1	1	0.142
Comprimento do maxilar	2.560	0.114	3	2	0.626
Comprimento da barbatana peitoral	1.290	0.048	1	1	0.262
Distância pré-anal	6.250	0.075	6	6	0.413
Distância pré-dorsal	4.300	0.247	4	6	1.352
Raios da barbatana dorsal	14.900	0.100	15	15	0.548

Raios da barbatana anal	33.433	0.446	34	34	2.445
Brânquias inferiores	15.100	0.139	15	15	0.759
Escudos	28.133	0.142	28	28	0.776

Thryssa polybranchialis (Wongratana, 1983) (Fig. 54; Quadro 52)

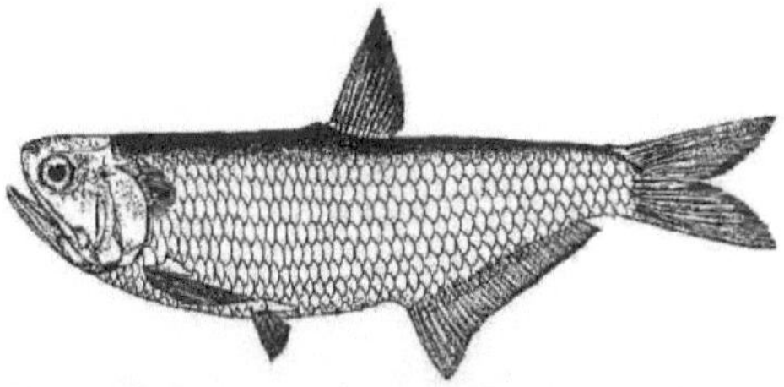

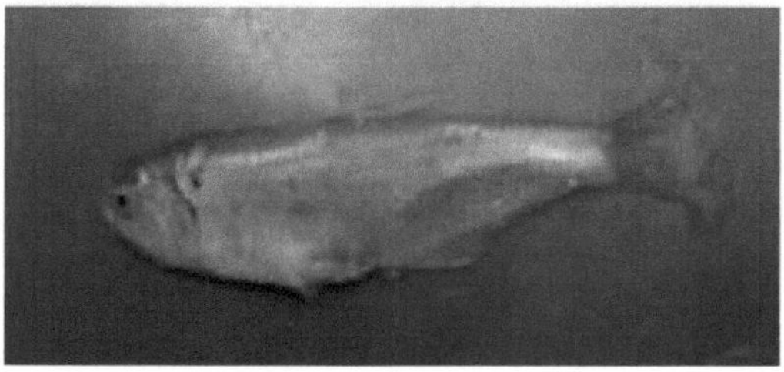

Fig. 54. *Thryssa polybranchialis*

Espécie-tipo

Holótipo : CAS/MBRC/952, 13 cm SL, Índia, costa leste, Puducherry, 11°48'24.29" N, 79°48'1.42" E; A. Arockiamary; outubro, 2009.

Parátipo: ZSI CAS/MBRC/953, 18 cm SL, Índia, costa leste, Nagapattinam, 10°45'7.98" N, 79°53'23.97 "E; A. Arockiamary; outubro, 2009.

Diagnóstico

Um total de 37 espécimes desta espécie foram recolhidos em Puducherry, Parangipettai e Nagapattinam em 2008 e 2009. Os materiais examinados confirmam bem as descrições anteriores dadas por Ramaiyan (1977) e Whitehead (1985). Os valores da média, do erro-padrão, da média, da moda e do desvio-padrão relativos a 13 caracteres são apresentados no quadro 52. O erro padrão e o desvio padrão foram: 0,419 e 2,546; 0,033 e 0,198; 0,028 e 0,173; 0,018 e 0,109; 0,008 e 0,051; 0,022 e 0,132; 0,043 e 0,261; 0,082 e 0,498; 0,131 e 0,795; 0,145 e 0,880; 0,080 e 0,484; 0,072 e 0,435; 0,131 e 0.795, para o comprimento padrão, profundidade do corpo, comprimento da cabeça, profundidade da cabeça, diâmetro do olho, distância pré-dorsal, distância pré-anal, raios da barbatana dorsal, raios da barbatana anal, escamas pré-pélvicas, escamas pós-pélvicas, escamas totais e brânquias inferiores, respetivamente. Estudos sobre a taxonomia e a descrição

(Whitehead, 1965; Ramaiyan, 1977; Fishbase, 2009).

Descrição

Corpo comprimido com maxila curta. Uma mancha escura atrás da abertura branquial (Fig. 54). Análise estatística dos caracteres morfométricos e merísticos são apresentados na tabela 52. Comprimento padrão 12,6-19,7 cm, profundidade do corpo 2,4-3,0 cm, comprimento da cabeça 1,8-2,3 cm, profundidade da cabeça 1,5-1,8 cm, diâmetro do olho 0,5-0,6 cm, distância pré-dorsal 4,6-5,0 cm e distância pré-anal 5,5-6,2 cm. Raios da barbatana dorsal 12-13, raios da barbatana anal 35-37, brânquias inferiores 25-27, escudos pré-pélvicos 15-17, escudos pós-pélvicos 9-10 e escudos totais 25-26.

Distribuição geográfica

Índia e Sri Lanka.

Tabela 52. Desvio-padrão e erro-padrão dos caracteres morfométricos e merísticos de *Thryssa polybranchialis*

Parâmetros	Média	Erro Std.	Mediana	Modo	Desvio Std. Desvio
Comprimento padrão	15.797	0.419	17	20	2.546
Profundidade do corpo	2.659	0.033	3	3	0.198
Comprimento da cabeça	2.019	0.028	2	2	0.173
Profundidade da cabeça	1.592	0.018	2	2	0.109
Diâmetro do olho	0.551	0.008	1	1	0.051
Distância pré-dorsal	4.792	0.022	5	5	0.132
Distância pré-anal	5.859	0.043	6	6	0.261
Raios da barbatana dorsal	12.595	0.082	13	13	0.498
Raios da barbatana anal	36.081	0.131	36	36	0.795
Escudos pré-pélvicos	15.946	0.145	16	15	0.880
Escudos pós-pélvicos	9.649	0.080	10	10	0.484
Total de escudos	25.243	0.072	25	25	0.435
Brânquias inferiores	26.081	0.131	26	26	0.795

Thryssa purava (Hamilton, 1822) (Fig. 55; Quadro 53)

Fig. 55. ***Thryssa purava***

Espécie-tipo

Holótipo : CAS/MBRC/1045, 16 cm SL, Índia, costa leste, Puducherry, 11°48'24.29" N, 79°48'1.42" E; A. Arockiamary; dezembro, 2009.

Parátipo: CAS/MBRC/1046, 18 cm SL, Índia, costa leste, Nagapattinam, 10°45'7.98" N, 79°53'23.97 "E; A. Arockiamary; dezembro, 2009.

Diagnóstico

Um total de 37 espécimes desta espécie foram recolhidos em Puducherry, Parangipettai e Nagapattinam em 2008 e 2009. Os espécimes actuais concordam bem com as descrições anteriores dadas por Ramaiyan (1977) e Whitehead (1985). Os valores da média, erro padrão, meadiana, moda e desvio padrão relativos a 15 caracteres são apresentados no quadro 53. O erro padrão e o desvio padrão foram: 0,428 e 2,603; 0,033 e 0,199; 0,034 e 0,208; 0,019 e 0,117; 0,008 e 0,050; 0,033 e 0,198; 0,024 e 0,145; 0.048 e 0,290; 0,076 e 0,463; 0,210 e 1,277; 0,000 e 0,000; 0,122 e 0,739; 0,081 e 0,492; 0,065 e 0,397; 0,228 e 1.387, para o comprimento padrão, profundidade do corpo, comprimento da cabeça, profundidade da cabeça, diâmetro do olho, comprimento do maxilar, distância pré-dorsal, distância pré-anal, raios da barbatana dorsal, raios da barbatana anal, raios da barbatana peitoral, escamas pré-pélvicas, escamas pós-pélvicas, escamas totais e brânquias inferiores, respetivamente. Estudos sobre a alimentação dos juvenis (Bapart e Bal, 1950), reprodução (Paleker e Karandikar, 1952), larvas (Rao, 1967), crânio (Moona,

1968) e taxonomia e descrição (Whitehead, 1965; Ramaiyan, 1977; Fishbase, 2009) e identificação da população (Anandan, 1985).

Descrição

A linha dos maxilares quando a boca está fechada forma um ângulo de cerca de 45° em relação à horizontal. A ponta da maxila atinge a base do peitoral. O pseudobrânquio não era visível superficialmente. Origem da barbatana anal sob o último raio dorsal. Dorsal castanha uniforme com uma risca médio-lateral pálida, barbatanas hialinas, vénulas umerais com alguns melanoporos dispersos nos exemplares conservados (Fig. 55). A análise estatística dos caracteres morfométricos e merísticos é apresentada na tabela 53. Comprimento padrão 12,8 -19,9 cm, profundidade do corpo 2,4-3,0 cm, comprimento da cabeça 1,7-2,2 cm, profundidade da cabeça 1,6-1,9 cm, diâmetro do olho 0,5-0,6 cm, comprimento maxilar 2,0-2,6 cm, distância pré-dorsal 4,54,9 cm e distância pré-anal 5,4-6,2 cm. Raios da barbatana dorsal 14-15, raios da barbatana peitoral 13, raios da barbatana anal 40-44, brânquias inferiores 17-21, escudos pré-pélvicos 14-16, escudos pós-pélvicos 11-12 e escudos totais 26-27.

Distribuição geográfica

Golfo Pérsico; Paquistão; Índia; Malásia; Birmânia e China.

Tabela 53. Desvio padrão e erro padrão para caracteres morfométricos e merísticos de *Thryssa purava*

Parâmetros	Média	Erro Std.	Mediana	Modo	Desvio Std. Desvio
Comprimento padrão	16.378	0.428	17	20	2.603
Profundidade do corpo	2.695	0.033	3	3	0.199
Comprimento da cabeça	1.954	0.034	2	2	0.208
Profundidade da cabeça	1.719	0.019	2	2	0.117
Diâmetro do olho	0.559	0.008	1	1	0.050
Comprimento do maxilar	2.359	0.033	3	3	0.198
Distância pré-dorsal	4.727	0.024	5	5	0.145
Distância pré-anal	5.830	0.048	6	6	0.290
Raios da barbatana dorsal	14.703	0.076	15	15	0.463
Raios da barbatana anal	42.378	0.210	43	43	1.277
Raios da barbatana peitoral	13.000	0.000	13	13	0.000
Escudos pré-pélvicos	14.811	0.122	15	15	0.739

Escudos pós-pélvicos	11.378	0.081	11	11	0.492
Total de escudos	26.189	0.065	26	26	0.397
Brânquias inferiores	18.730	0.228	18	18	1.387

Thryssa setirostris (Broussonet, 1782) (Fig. 56; Quadro 54)

Fig. 56. ***Thryssa setirostris***

Espécie-tipo

Holótipo : CAS/MBRC/460, 10 cm SL, Índia, costa leste, Puducherry, 11°48'24.29" N, 79°48'1.42" E; A. Arockiamary; setembro, 2008.

Parátipo: CAS/MBRC/589, 11 cm SL, Índia, costa leste, Nagapattinam, 10°45'7.98" N, 79°53'23.97 "E; A. Arockiamary; janeiro, 2009.

Diagnóstico

Um total de 34 espécimes desta espécie foram recolhidos em Puducherry, Parangipettai e Nagapattinam em 2008 e 2009. Os materiais examinados confirmam bem a descrição anterior efectuada por Ramaiyan (1977) e Whitehead (1985). Os valores da média, do erro padrão, da média, da moda e do desvio padrão relativos a 13 caracteres são apresentados no quadro 54. O erro padrão e o desvio padrão foram: 0,019 e 0,109; 0,013 e 0,075; 0,008 e 0,046; 0,012 e 0,069; 0,007 e 0,039; 0,020 e 0,116; 0,020 e 0,114; 0,023 e 0,135; 0,086 e 0,500; 0,183 e 1,070; 0,056 e 0,327; 0,135 e 0,786; 0,169 e 0.983, para o comprimento padrão, profundidade do corpo, comprimento da cabeça, profundidade da cabeça, diâmetro do olho, comprimento do maxilar, distância pré-anal, distância pré-dorsal, raios da barbatana dorsal, raios da barbatana anal, raios da barbatana peitoral, brânquias e escamas totais, respetivamente. Estudos sobre a descrição e taxonomia (Ramaiyan, 1977; Whitehead, 1985; Fishbase, 2009) e lista de controlo dos peixes de Parangipettai (Ramaiyan *et al.*, 1986-87).

Descrição

Corpo oblongo e focinho rombo. A face dorsal do corpo era convexa de perfil. A ponta da maxila atingia além da base pélvica e, nos mesmos exemplares, além das pontas pélvicas. Maxilar inferior com processo coronoide ascendente, não encontrado noutras espécies de *Thryssa*. O pseudobrânquio não era visível. Origem da barbatana anal logo atrás do último raio dorsal. Corpo castanho claro uniforme, vénulas umerais com linhas de melanóforos, barbatanas hialinas nos exemplares preservados (Fig. 56). A análise estatística dos caracteres morfométricos e merísticos é apresentada na tabela 54. Comprimento padrão 10,8-11,2 cm, comprimento do corpo 2,6-2,8 cm, comprimento da cabeça 1,8-1,9 cm, profundidade da cabeça 1,7-1,9 cm, diâmetro do olho 0,5-0,6 cm, comprimento maxilar 5,2-5,5 cm, distância pré-dorsal 4,8-5,2 cm e distância pré-anal 6,0-6,3 cm. Raios da barbatana dorsal 16-17, raios da barbatana peitoral 12-13, raios da barbatana anal 38-41, brânquias 10-12 e escamas totais 25- 28.

Distribuição geográfica

Durban; Moçambique; África Oriental; Mar Vermelho; Golfo de Aden; Índia-Baía de Bengala; Calicute; Parangipettai, Índia; Sri Lanka; Arquipélago Indo-Malaio; Papua; Tailândia e Filipinas.

Tabela 54. Desvio-padrão e erro-padrão dos caracteres morfométricos e merísticos de *Thryssa setirostris*

Parâmetros	Média	Erro Std.	Mediana	Modo	Desvio Std. Desvio
Comprimento padrão	11.021	0.019	11	11	0.109
Profundidade do corpo	2.726	0.013	3	3	0.075
Comprimento da cabeça	1.871	0.008	2	2	0.046
Profundidade da cabeça	1.812	0.012	2	2	0.069
Diâmetro do olho	0.582	0.007	1	1	0.039
Comprimento do maxilar	5.391	0.020	5	6	0.116
Distância pré-anal	6.203	0.020	6	6	0.114
Distância pré-dorsal	5.050	0.023	5	5	0.135
Raios da barbatana dorsal	16.412	0.086	16	16	0.500
Raios da barbatana	39.353	0.183	39	39	1.070

anal					
Raios da barbatana peitoral	12.882	0.056	13	13	0.327
Desfolhadores	11.559	0.135	12	12	0.786
Total de escudos	26.941	0.169	27	27	0.983

Thryssa Vitrirostris (Gilchrist e Thompson, 1908) (Fig. 57; Quadro 55)

Fig. 57. ***Thryssa Vitrirostris***

Espécie-tipo

Holótipo : CAS/MBRC/520, 10 cm SL, Índia, costa leste, Puducherry, 11°48'24.29" N, 79°48'1.42" E; A. Arockiamary; dezembro, 2008.

Parátipo: CAS/MBRC/660, 14 cm SL, Índia, costa leste, Nagapattinam, 10°45'7.98" N, 79°53'23.97 "E; A. Arockiamary; março, 2009.

Diagnóstico.

Um total de 30 espécimes desta espécie foram recolhidos em Puducherry, Parangipettai e Nagapattinam durante 2008 e 2009. A descrição dos espécimes recolhidos no presente estudo está em conformidade com os caracteres merísticos e morfométricos apresentados por Ramaiyan (1977) e Whitehead (1985). Os valores da média, do erro padrão, da média, da moda e do desvio padrão relativos a 15 caracteres são apresentados no quadro 55. O erro padrão e o desvio padrão foram: 0,394 e 2,156; 0,035 e 0,193; 0,035 e 0,190; 0,026 e 0,144; 0,015 e 0,084; 0,062 e 0,338; 0,049 e 0,269; 0.030 e 0,163; 0,162 e 0,887; 0,390 e 2,136; 0,093 e 0,509; 0,175 e 0,960; 0,170 e 0,932; 0,250 e 1,368; 0,166 e 0.910 para o comprimento padrão, profundidade do corpo, comprimento da cabeça, profundidade da cabeça, diâmetro do olho, comprimento do maxilar, distância pré-dorsal, distância pré-anal, raios da barbatana dorsal, raios da barbatana anal, raios da barbatana peitoral, escamas pré-pélvicas, escamas pós-pélvicas, escamas totais e brânquias, respetivamente. Estudos sobre a taxonomia e a descrição (Dutt, 1961; Whitehead, 1965, 1985; Ramaiyan, 1977; Fishbase, 2009) e a extensão da maxila (Babu Rao e Jayaswal, 1969).

Descrição

As linhas das maxilas formam (quando a traça está fechada) um ângulo horizontal de 30°. A ponta da maxila atinge a base do peitoral. O pesudobrânquio não era visível. A origem da barbatana anal situa-se atrás do raio dorsal. Face dorsal castanha clara, barbatanas hialinas, umeral, vénulas com linhas de melanóforos bem marcadas, arcos branquiais laranja vivo nos exemplares vivos (Fig. 57). A análise estatística dos caracteres morfométricos e merísticos é apresentada na tabela 55. Comprimento padrão 10,5-16,2 cm, comprimento do corpo 2,5-3,1 cm, comprimento da cabeça 2,0-2,6 cm, profundidade da cabeça 2,0-2,4 cm, diâmetro do olho 0,6-0,8 cm, comprimento maxilar 2,2-3,2 cm, distância pré-dorsal 4,9-5,6 cm e distância pré-anal 6,0-6,6 cm. Raios da barbatana dorsal 14-16, raios da barbatana peitoral 12-13, raios da barbatana anal 34-40, total de brânquias 21-23, escudos pré-pélvicos 16-19, escudos pós-pélvicos 10-13 e total de escudos 27-32.

Distribuição geográfica

Madagáscar; África Oriental; Golfo Pérsico; Golfo de Omã; Mar Arábico; Índia; Barém; China; Hong Kong; Irão; Iraque; Quénia; Kuwait; Moçambique; Omã; Paquistão; Arábia Saudita; Somália; África do Sul; Taiwan; Tanzânia e Iémen.

Tabela 55. Desvio padrão e erro padrão para caracteres morfométricos e merísticos de *Thryssa vitrirostris*

Parâmetros	Média	Erro Std.	Mediana	Modo	Desvio Std. Desvio
Comprimento padrão	13.850	0.394	14	16	2.156
Profundidade do corpo	2.800	0.035	3	3	0.193
Comprimento da cabeça	2.410	0.035	2	3	0.190
Profundidade da cabeça	2.230	0.026	2	2	0.144
Diâmetro do olho	0.710	0.015	1	1	0.084
Comprimento do maxilar	2.750	0.062	3	3	0.338
Distância pré-dorsal	5.230	0.049	5	5	0.269
Distância pré-anal	6.280	0.030	6	6	0.163
Raios da barbatana dorsal	14.800	0.162	15	14	0.887
Raios da barbatana anal	37.700	0.390	38	40	2.136

Raios da barbatana peitoral	12.500	0.093	13	12	0.509
Escudos pré-pélvicos	18.100	0.175	18	18	0.960
Escudos pós-pélvicos	11.600	0.170	12	11	0.932
Total de escudos	29.700	0.250	30	29	1.368
Desfolhadores	22.000	0.166	22	23	0.910

Género *Coilia* Gray, 1821

Corpo alongado, focinho proeminente e cónico. Origem da barbatana ventral ligeiramente à frente da origem da dorsal. Os raios peitorais são robustos e alongados. O corpo era amarelo dourado e a cabeça com pigmentos pretos. As barbatanas dorsal, caudal e anal apresentam pigmentos pretos. Durante o presente estudo, foi distinguida uma única espécie na área de estudo.

Coilia dussumieri (Valenciennes, 1848) (Fig. 58; Quadro 56)

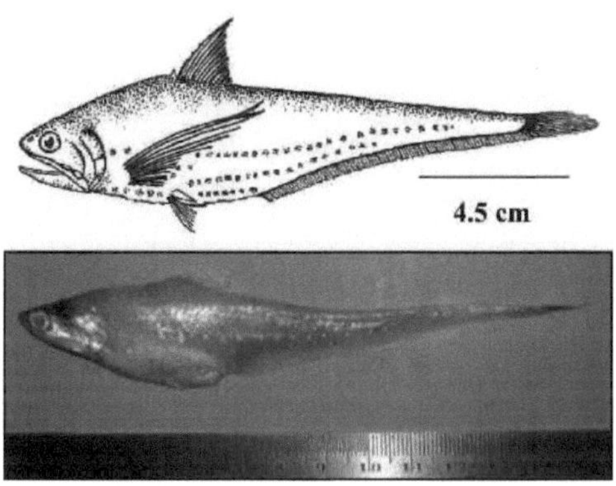

Fig. 58. ***Colia dussumieri***

Espécie-tipo

Holótipo : CAS/MBRC/396, 10,5 cm SL, Índia, costa leste, Nagapattinam, 10°45'7.98" N, 79°53'23.97 "E; A. Arockiamary; julho, 2008.

Parátipo: CAS/MBRC/580, 10,8 cm SL, Índia, costa leste, Puducherry, 11°48'24.29" N, 79°48'1.42" E; A. Arockiamary; janeiro, 2009.

Diagnóstico

Os espécimes actuais concordam bem com as descrições anteriores dadas por Whitehead (1985) e Ramaiyan (1977). Um total de 38 espécimes desta espécie foram colhidos em Puducherry, Parangipettai e Nagapattinam durante 2008 e 2009. Os valores da média, do erro padrão, da meadiana, da moda e do desvio padrão relativos a 15 caracteres são apresentados no quadro 56. O erro padrão e o desvio padrão foram: 0,042 e 0,258; 0,008 e 0,051; 0,012 e 0,077; 0,008 e 0,050;

0,008 e 0,047; 0,020 e 0,121; 0,019 e 0,114; 0,027 e 0,164; 0,081 e 0,500; 0,140 e 0,863; 0,082 e 0,506; 0,135 e 0,830; 0,128 e 0,788; 0,184 e 1.132, para o comprimento padrão, profundidade do corpo, comprimento da cabeça, profundidade da cabeça, diâmetro do olho, distância pré-dorsal, distância pré-anal, distância da barbatana peitoral, raios da barbatana dorsal, raios da barbatana peitoral, filamentos longos, escamas pré-pélvicas, escamas pós-pélvicas, escamas totais e brânquias, respetivamente. Estudos sobre os ovos e as larvas (Delsman, 1932), a maturação das gónadas (Palekar e Karandikar, 1953; Varghese, 1975), a biologia (Bal e Joshi, 1956; Gadsil, 1967), o crânio (Joshi e Bal, 1953; Moona, 1960), a taxonomia e a descrição (Whitehead, 1966, 1967, 1985; Fishbase, 2009) e a avaliação das unidades populacionais (Fernandez e Devaraj, 1996).

Descrição

Corpo alongado, focinho proeminente e cónico. Origem da barbatana ventral ligeiramente à frente da origem da dorsal. Os seis raios peitorais superiores são robustos e alongados, quase atingindo o meio da barbatana anal. Amarelo dourado brilhante, preto e cabeça com pigmentos pretos, barbatana dorsal, caudal e anal delimitadas por pigmentos pretos no espécime vivo (Fig. 58). A análise estatística dos caracteres morfométricos e merísticos é apresentada na tabela 56.Comprimento padrão 10,0-10,8 cm, profundidade do corpo 2,1-2,2 cm, comprimento da cabeça 1,7-1,9 cm, profundidade da cabeça 1,1-1,2 cm, diâmetro do olho 0,3-0,4 cm, distância pré-dorsal 2,6-2,9 cm, distância pré-anal 3,6-3,9 cm, distância peitoral 1,3-1,8 cm. Raios da barbatana dorsal 12-13, raios da barbatana peitoral 9-11, filamentos longos 6, brânquias inferiores 23-26 e escamas 13-15.

Distribuição geográfica

Índia; Burhabalang; Bangladesh; Indonésia; Malásia; Myanmar; Paquistão; Seychelles; Singapura; Sri Lanka; Tailândia e Vietname.

Tabela 56. Desvio-padrão e erro-padrão para caracteres morfométricos e merísticos de *Coilia dussumieri*

Parâmetros	Média	Erro Std.	Mediana	Modo	Desvio Std. Desvio
Comprimento padrão	10.382	0.042	10	11	0.258
Profundidade do corpo	2.150	0.008	2	2	0.051
Comprimento da cabeça	1.782	0.012	2	2	0.077
Profundidade da cabeça	1.161	0.008	1	1	0.050
Diâmetro do olho	0.368	0.008	0	0	0.047
Distância pré-dorsal	2.734	0.020	3	3	0.121
Distância pré-anal	3.732	0.019	4	4	0.114
Distância da barbatana peitoral	1.526	0.027	2	1	0.164
Raios da barbatana dorsal	12.579	0.081	13	13	0.500

Raios da barbatana peitoral	10.105	0.140	10	11	0.863
Filamentos longos	6.000	0.000	6	6	0.000
Escudos pré-pélvicos	5.526	0.082	6	6	0.506
Escudos pós-pélvicos	8.500	0.135	9	9	0.830
Total de escudos	14.026	0.128	14	14	0.788
Desfolhadores	24.553	0.184	24	24	1.132

REFERÊNCIAS

Abasi, D.A., Holzloehner, S & Enin, U. (2004) A dinâmica da população explorada de *Ethmalosa fimbriata* (Bowdich, 1825, Clupeidae) no estuário do rio Cross e no Golfo da Guiné adjacente. *Fisheries Research*, 68, 225-235.

Abdurahiman, K.P., Harishnayak, T, Zacharia, P.U & Mohamed, K.S. (2004) Length-weight relationship of commercially important marine fishes and shell fishes of the southern coast of Karnataka, India. *Naga*, 27, 9-14.

Abowei, J.F.N. (2009) A morfologia, abundância, fator de condição e relação comprimento-peso de *Ethmalosa fimbriata* (Bowdich, 1825) do rio Nkoro, Delta do Níger, Nigéria. *Jornal Avançado de Ciência e Tecnologia Alimentar*, 1(1): 51-56.

Abowei, J.F.N. (2010) O fator de condição, a relação comprimento-peso e a abundância de *Ilisha africana* (Block, 1795) do rio Nkoro, Delta do Níger, Nigéria. *Jornal Avançado de Ciência e Tecnologia Alimentar*, 2, 6-11.

Amenzoui, K., Ferhan-Tachinante, F, Yahyaoui, A, Kifani, S & Hakim Mesfioui, A. (2006) Análise do ciclo de reprodução de *Sardina pilchardus* (Walbaum, 1792) ao largo da costa atlântica marroquina. *C.R. Biologics*, 329, 892-901.

Anandan, V. (1985) Studies on the biology and population identification of the Anchovies Thryssa mystax (Schneider) and T.malabarica (Bloch) Pisces: Engraulidae) Tese de doutoramento, Universidade de Annamalai, CAS em Biologia Marinha, 268 pp.

Ankamma Rao & S.V. Sharma. (1987) Espécies do género *Setipinna* Swainson, 1939 (Clupeiformes: Engraulidae) do estuário de Krishna. *Matsya*, 12-13,133-138.

Aripin, I.E. & P.A.T. Showers. (2000) Population parameters of small pelagic fishes caught off Tawi-Tawi, Philippines. *Naga*, 23, 21-26.

Arockiamary, A. (2004) Investigação sobre a diversidade taxonómica da família Clupeidae e confirmação genética de *Sardinella gibbosa. Dissertação de Mestrado em Filosofia. Tese, Universidade de Annamalai, CAS em Biologia Marinha,* 45 pp.

Asriyana, M.F, Rahardjo, Kartamihardja, E.S, Dan, D.F & Batu, L. (2010) Food habits of rainbow sardine, *Dussumieria acuta* Valencinnes 1847 (Family: Clupeidae) na baía de Kendari. *Journal of Iktiology Indonesia*, 10, 93-99.

Azhagar, S, Anbalagan, T & Veerappan, N. (2009) Distribuição e abundância de larvas de peixes ósseos ao longo da Baía de Bengala (costa sudeste da Índia). *Current Research Journal of Biological Science*, 1, 14-17.

Babu Rao, M. & Joglekar, A. (1968) Comparative studies on *Setipinna godavariensis* (Pisces:

Engraulidae) from Godavari and Hoogly Rivers. *Journal marine biological Association of India*, 9, 38 - 68.

Babu Rao, M. & Jayaswal, K.S. (1969) Extensão da maxila em *Thryssa vitrirostris* (Pisces: Engraulidae). *Science Culture,* 35, 216.

Babu Rao, M., (1967) Biometric studies on *Anchoviella commersonii* (Lacepede) (Engraulidae: Pisces) from Andhra coast. *Journal marine biological Association of India*, 7, 369 - 376.

Babu Rao, M., (1971) Uma nova anchova, *Thryssa gautamiensis* n.sp. do rio Godavari, Índia. *Copeia,* 3, 479 - 483.

Babu Rao, M., (1973) Clupeoid fishes of Godavari estuary with some ecological observation. *J. Inland Fisheries Society of India*, 5, 1- 8.

Babu Rao, M., (1976) Clupeoid fishes of Godavari estuary: Uma descrição sistemática. *Matsya*, 2, 32-37.

Bal, D.V. & Joshi, M.S, (1956) Studies on the biology of *Coilia dussumieri. Indian Journal of Fisheries,* 3, 91 - 100.

Bapart, S.V. & Bal, D.V. (1950) The food of some young Clupeids. *Proceedings of Indian Academic Science*, 32, 39-58.

Barletta-Bergan, A., Barletta, M & Saint-Paul, U. (2002) Estrutura e dinâmica sazonal das larvas de peixes no estuário do rio Caete no norte do Brasil. *Ciência da Plataforma Costeira Estuarina*, 54, 193-206.

Baron, J.C., (1972) Preliminary studies on the blood of *Sardinella* from the West African coast. *XIIth Europ. Conf. Anim. Grupos sanguíneos Biochem. Polymorph,* pp. 593-595.

Basheerudin, S. & Nayar, K.N. (1962) A preliminary study of the juvenile fishes of the coastal waters of Madras city. *Indian Journal of Fisheries*, 8, 169-188.

Bensam, P., (1968) The embryonic and early development of the long finned herring *Opisthopterus tardoore* (Cuv.). *Journal marine biological Association of India*, 9,7683.

Bhatal, B., (2005) Historical reconstruction of Indian marine fisheries catches, 1950-2000, as a basis for testing the Marine Tropic Index. *Relatório Central de Investigação sobre Pescas,* 13, 180.

Blaber, S.J., Brewer, M.D.T, Milton, D.A, Merta, G.S, Efizon, D, Fry. D & van der Velde, T. (1999) The Life History of the Protandrous Tropical Shad *Tenualossa macrura* (Alosinae: Clupeidae): Implicações para a pesca. *Estuarine Coastal ShelfScience*, 49, 689-701.

Blackburn, M., (1950) A biological study of the anchovy, *Engraulis australis* (white), in Australian waters. *Australian Journal of Marine and Freshwater Research*, 1, 3 - 84.

Bleeker, P., (1859) Enumeracia specierum piscium hucusque in Archipelago indico observatarum, adjectis habitationinbis cittaionibusque, ubi descriptions earum recentoires reperiuntur, necnon speciebus musei Bleekeiani Bengalensibus Japonicus, Capensibus Tasmonicisque. *Ata. Social Science Indo Neerlandicae*, 6, XXX VI+ 406.

Brinda, S., Srinivasan, M & Balakrishnan, S. (2010) Estudos sobre a diversidade de larvas de peixes de barbatana no estuário de Vellar, costa sudeste da Índia. *Revista Mundial de Ciência Marinha de Peixes*, 2, 4450.

Cantor, T., (1850) Catalogue of Malayan fishes. *Journal of Asian Society of Bengal*, 18, 983 - 1443.

Castillo, R.M. & Kobelkowsky, A (2000) Distribuição e segregação de duas espécies simpátricas de Brevoortia (Teleostei: Clupeidae). *Estuarine Coastal Shelf Science*, 50, 593598.

Cauvender, T., (1966) The caudal skeleton of the cretaceous teleosts *Xiphactinus ichthyodectes* and *Gillicus* and its bearing on their relationship with *Chirocentrus*. *Occ. Publication of Zoological University of Michigan*, 650, 1-15.

Cendejas, V.M.E., Mexicano-Cintora, G & Arce, A.M, (1997) Biologia do arenque *Opisthonema oglinum* (Pisces: Clupeidae) de uma pescaria com redes de cerco de praia no Banco Campeche, México. *Investigação Pesqueira*, 30, 117- 126.

Chacko, P.I. (1946) On the bionomics of the Indian sprat, *Sardinella gibbosa* (Cuv. &Val.). *Bombay National Historical Society*, 46, 407-408.

Chacko, P.I. & Mathew, M.J (1956) Biology and fisheries of the sprat *Sardinella albella* (Cuv. & Val.) in the west coast of Madras state. *Government of Madras Fisheries State Rep. Year Book*, 1954-55, 103-108.

Chacko, P.I. & Ganapati, S.V. (1949) On the bionomics of *Hilsa ilisha* (Hamilton) in the Godavari river. *Jornal da Universidade de Madras*, 18, 16-22.

Chacko, P.I., (1949) Food and feeding habits of the fishes of the Gulf of Mannar. *Proc. Ciência Académica Indiana*, 29 B, 83-97.

Chatterjee, B., Porwal, M.C & Hussin, Y.A. (2008) Assessment of Tsunami damage to mangrove in India using remote sensing and GIS. *Inter. Archives Photogra, Remote Sensing and Spatial Information Science*, 17, 283 - 288.

Chaudhuri, B.L., (1916) Fauna do lago Chilka, peixes. Parte II Mem. *do Museu Indiano*, 5, 441458.

Claida, M., Kifani, S, Lenfants, P & Ouragh, L. (2006) Primeira abordagem para a identificação de populações de sardinha *Sardina pilchardus* (Walbaum, 1792) no Atlântico marroquino por alozimas. *Biologia Marinha*, 149, 169-175.

Clark, F.N. & Phillips, J.B. (1952) The Northern anchovy (*Engraulis mordax mordax*) in the California fishery. *California Fisheries Game*, 38, 189-207.

Clark, F.N., (1934) Maturity of the California sardine (*Sardina caerulea*) determined by ovadiameter measurements. *Fisheries Bulletin Science*, 42, 1-49.

Clarke K.R & R.M.Warwick, (1994) Change in Marine Communities: An Approach to Statistical Analysis and Interpretation. 1st edition: Plymouth Marine Laboratory, Plymouth, Reino Unido, 144pp. 2ª edição: PRIMER-E, Plymouth, Reino Unido, 172pp.

Conand, F., (1991) Biologia e fenologia de *Amblygaster sirm* (Clupeidae) na Nova Caledónia, uma sardinha do meio coralino. *Boletim de Ciências Marinhas*, 48, 137149.

Corten, A., (2001) Northern distribution of North Sea herring as a response to high water temperatures and/or low food abundance. *Fisheries Research*, 50, 189-204.

Csirke, J., (2005) Review of the state of world marine fishery resources. FAO fisheries Technical Paper 457. *Serviço de Gestão das Publicações, Roma, Itália,* ISBN 92-5105267-0.

Cubillos, L.A., Arcos, D.F, Bucarey, D. A & M.T. Canales, (2001) Seasonal growth of small pelagic fish off Talcahuano, Chile (37°S, 73°W): a consequence of their reproductive strategy to seasonal upwelling? *Aquatic Living Resources*, 14, 115-124.

Cuvier, G. e A. Valenciennes, (1848) Histoire Naturelle des venons. *Paris*: Vol. 21.

Dalzell, P., (1985) Some aspects of the reproductive biology of Spratelloides gracilis (Schlegel) in the Ysabel Passage, Papua Nova Guiné. *Journal of Fisheries Biology*, 27, 229-237.

Dalzell, P., (1986) Notes on the biology of Spratelloides leweisi (Wongratana, 1983), a recently described species of sprat from Papua New Guinea waters. *Journal of Fisheries Biology*, 30, 691 - 700.

David, A.M., (1954) A preliminary survey of the fish and fisheries of a five mile stretch of the Hoogly River near Barrackpore. *Indian Journal of Fisheries*, 1, 231-250.

Day, F., (1878-1889) The fishes of India.1: XX, 778 pp. 2:195, pls. Reimpresso em 1958 por William Dawson & Sons Ltd., Londres.

De, D.K., Sinha, M & Banerjee, K.S. (1998) Floy T-bar anchor tags for tagging *Hilsa, Tenualosa ilisha* (Hamilton). *Indian Journal of Fisheries*, 45, 99 - 101.

Delsman, H.C., (1922) Ovos e larvas de peixes do mar de Java, *Fistularia gerrata* (Cuv.). *Treubia*, 2, 97 - 108.

Delsman, H.C., (1926) Fish eggs and larvae from the Java Sea. 7. O género *Clupea*. *Treubia*, 8, 219 - 239.

Delsman, H.C., (1932) Fish eggs and larvae from the Java Sea. 19. O género *Setipinna*. *Treubia*, 14, 109 - 114.

Delsmen, H.C., (1933) Fish eggs and larvae from Java Sea. *Treubia*, 14, 247-249.

Devanesan, D.W. & Chidambaram, K. (1943) On the alleged existence of races in the population of oil sardine, *Sardinella longiceps* in the Arabian Sea. *Proc. 30th Indian Sci. Con. Calcutá,* (Resumo).

Devanesan, D.W., (1932) A note on the food and feeding habits of *Sardinella gibbosa*. *Journal of Madras University.*, 4, 1959 - 1964.

Dharmamba, M., (1960) Studies on the maturation and spawning habits of some common clupeids of Lawson's Bay, Waltair. *Indian Journal of Fisheries,* 6,374-388.

Di Dario, F., (2002) Evidence supporting a sister-group relationship between Clupeoidea and Engrauloidea (Clupeomorpha). *Copeia,* 102, 496-503.

Di Dario, F., (2004) Homologia entre o recessus lateralis e os canais sensoriais cefálicos, com a proposição de sinapomorfias adicionais para os Clupeiformes e os Clupeoidei. *Zoological Journal of Linneaus Society,* 141, 257-270.

Di Dario, F., (2005) Relações filogenéticas entre os grandes grupos de Clupeomorpha e suas possíveis relações com Ostariophysi (Actinopterygii, Teleostei) Universidade de São Paulo. pp. 629.

Doddamani, M., Ramesh, T.J & Shabbhogue, S.L. (2001) Length-weight relationship and relative condition fator of *Stolephorus bataviensis* from Mangalore area. *Indian Journal of Fisheries,* 48, 329-332.

Durand, J.D., Tine, M, Panfili, J, Thiaw, O.T & Lae, R. (2005) Impacto das glaciações e da distância geográfica na estrutura genética de um peixe estuarino tropical, *Ethmalosa fimbriata* (Clupeidae, S. Bowdich, 1825). *Molecular Phylogenic Evolution,* 36, 277 - 287.

Dutt, S. & Seshagiri Rao, B.V. (1981) Biometric comparison of samples of the Clupeid fish, *Escualosa thoracata* (Valenciennes, 1847) from two localities. *Matsya,* 7, 50 - 63.

Dutt, S., (1961) A new record of anchovy *Thrissocles vitrirostris* from Indian waters. *Current Science,* 30, 104.

Dutt, S., (1963) Studies on the genus *Thrissocles* Jordan and Evermann (Family: Engraulidae) *Thryssa malabaricus* Bloch and *Thryssa vitrostris*. *Journal of Zoological Society of India,* 15, 59 - 63.

Dutt, S., (1967) A redescription of the anchovy *Engraulis rambhae* Chaudhuri. *Journal of Bombay National Histology Society,* 64, 120-123

Edwards, R.R.C. & Shaher, S. (1986) Biometrics of Sardinella longiceps Val. in relation to upwelling in the Gulf of Aden. *Journal of Fisheries Biology,* 30, 67 - 73.

Fernandez, I. & Devaraj, M (1996) Dynamics of the gold-spotted grenadier anchovy (*Coilia dusssumieri*) stock along the northwest coast of India. *Indian Journal of Fisheries,* 43(1): 27-38.

Fishbase. 2009-2011. www.fishbase.org.

Fowler, H.W., (1941) Contributions to the biology of Philippine Archipelago and adjacent regions. The fishes of the groups Isospondyli and Ostraiophiysi obtained by the United States Bureau of Fisheries Steamer 'Albatron' on 1907 to 1910 Cheifly in the Philippine inlands and adjacent seas, *Bull. U.S. Nat Mus, Washington, DC* (100) 13, 510-879.

Friedland, K.D. & Haas, L.W. (1988) Emigração de juvenis de Atlantic Menhaden, *Brevoortia tyrranus* (Pisces: Clupeidae), do estuário do rio York. *Estuaries*, 11, 45-50.

Friedlander, A.M. & Beets, J.P. (1997) Caraterísticas da pesca e da história de vida do arenque-anão *(Jenkinsia Eamprotaenia)* nas Ilhas Virgens Americanas. *Fisheries Research*, 31, 61-72.

Gadsil, M., (1967) On some aspects of the biology of *Coilia dussumieri. Val. Journal of Bombay National Historical Society*, 64, 55 - 69.

Ganapati, P.N. & Rao, K.S. (1957) On the bionomics of *Sardinella gibbosa* (Bleeker.) off Waltair coast. *Zoological Society of India*, 9(2), 162-82.

Ganga, U., (2000) Oil sardine fishery at Karwar up to date. *Journal of marine biological association of India*, 42, 112-123.

GOI, (2006) Marine Fisheries Census 2005, Part, I, 104 pp.

GOI, (2007) Hand book on annual fisheries, Ministério da Agricultura, 182 pp.

Gopinath, K. (1946) Notes on the larval and post larval stages of fishes found along the Trivandrum coast. *Actas do Instituto Nacional de Ciências da Índia*, 12, 7-21.

Grande, L., (1985) Peixes clupeomorfos recentes e fósseis com material para revisão dos subgrupos de clupeoides. *Boletim do Museu Americano de História Nacional*, 181, 235372.

Grande, L., (1985) Recentes e fósseis de Clupeomorph Wshes com materiais para revisão dos subgrupos de Clupeoids. *Boletim do Museu Americano de História Nacional*, 181, 231372.

Greenwood, P.H., Rosen, D.E. Weitzman, S.H, & Weitzman, G.S. (1966) Phyletic studies of teleostean fishes, with a provisional classification of living forms. *Bulletin of American Museum National History*, 131, 339-456.

Guelinckx, J., Maes, J, Brabandere, L.D, Dehairs, F & Ollevier, F. (2006) Migration dynamics of clupeoids in the Scheldt estuary: A stable isotope approach, *Estuarine Coastal ShelfScience*, 66, 612 - 623.

Gunther, A.C.L.G., (1868) Catalogue of the fishes in the British Museum, *Trustees British Museum, Londres*, 575 pp.

Gwo, J.C., Lin, C.Y, Yang, W. L & Chou, Y.C, (2006) Ultra-estrutura do esperma da espadilha azul, *Spratelloides gracilis* ; Teleostei, Clupeiformes, Clupeidae. *Tissue and Cell*, 38, 285 - 291.

Hamilton, B.F., (1822) An account of the fishes from the river Ganges and its branches. *Edimburgo,*

405 pp, 59 plts.

Harder, W., (1958) Zur Anatomie des Darmtraktes liniger families der Clupeoidae: Clupeidae, Dorosomatidae, Dussumieridae and Engraulidae (Clupeiformes: Pisces) *Kurze Mitt. Inst. Fischeveibiol. Univ. Hamburgh,* 8, 1 - 41.

Harikrishnan, M. & Kurup, B.M. (2002) Ashtamudi estuary as a nursery ground for Indian oil sardine, *Sardinella longiceps* (Val.). *Journal of marine biological Association of India,* 44, 136 - 144.

Heincke, F., (1898) Naturgeschichte des Herings. Die Lokalformen und die Wanderungen des Herings in den europaischen Meeren. *Abh. Deutsch. Seefischerei,* 2, 128 - 223.

Heok T.H., Low, M.E.Y & Peng, K. L. K. (2010) Peixes da bacia da Marina, Singapura, antes da construção da barragem da Marina. *Raffls Bulletin of Zoology,* 58, 137-144.

Hoda, S.M.S., (1976) Biologia reprodutiva e relações comprimento-peso de *Thryssa dussumieri* (Val.) da costa do Paquistão. *Journal of marine biological Association of India,* 18, 272 - 287.

Hora, S.L., (1924) Zoological results of a tour in the Far East. Peixes da Península de Tale Sap, Sião. *Mem. Asian Society Beng.,* 6, 479 - 501.

Ishiguro, N.B., Miya, M, Inoue, J.G & Nishida, M. (2005) *Sundasalanx* (Sundasalangidae) é um clupeiforme progénico e não um grupo de salangídeos (Osmeriformes) estreitamente relacionado: provas mitogenómicas. *Journal of Fisheries Biology,* 67, 561-569.

Jacob, J., (1961) Scientific and Tamil names of the estuarine and marine fishes of Porto Novo. *Jornal da Universidade de Anna,* 22, 1 - 32.

Jordan, D.S. & Seale, A. (1925) Review of the Engraulidae with descriptions of new and rare species. *Bulletin of Museum Comparative Zoology,* 67, 355 - 418.

Joshi, M. & Bal, D.V, (1953) The skeleton of *Coilia dussumieri*. *Jornal da Universidade de Bombaim,* 21: 93.

Karunasinghe, W.P.N. and Wijeyaratne, M.J.S. (1991) Population dynamics of trenched Sardine *Amblygaster sirm* (Clupeidae) in the Western coastal waters of Sri Lanka. *Asian fisheries Science,* 4, 329-334.

Kasapidis, P., Peristeraki, P, Tserpes, G and Magoules, A. (2007) A new record of the Lessepsian invasive fish *Etrumeus teres* (Osteichthyes: Clupeidae) in the Mediterranean Sea (Aegean, Greece). *Aquatic Invasions,* 2, 152-154.

Kuthalingam, M.D.K., (1959) Temperature tolerance of the larvae of ten species of marine fishes. *Current Science,* 28, 65 - 76.

Kuthalingam, M.D.K., (1961) Observations on the life history and feeding habits of a plankton feeder (*Dussumieria acuta*) (Cuv. & Val.) with a note on the method of securing stomach contents of live fish. *Journal of Fisheries Society of India*, 13, 24-33.

Lacepede, B.G.E., (1798) Histoire Naturelle des venons. *Plassan Paris*, 1, 1-582 pp.

Lauder, G.V. & Liem, K.F. (1983) The evolution and interrelationships of the actinopterygian fishes. *Bull. Mus. Comp. Zool.*, 150, 95-197.

Lazarus, S., (1973) Sobre algumas anomalias gonadais em *Sardinella dayi* Regan, *S. clupeoids* (Bleeker) e *S. sirm* (Walbaum). *Journal of marine biological Association oflndia*, 15, 442 - 443.

Lazarus, S., (1990) Studies on the spawning biology of the trenched sardine *Sardinella sirm* (Walbaum), from Vizhinjarn, South west *Indian* coast of India. *Journal of Fisheries*, 37, 335 - 346.

Lovern, J.A. & Wood, H. (1937) Variations in the chemical composition of herring. *Journal of marine biological Association of India U.K*, 22, 281-293.

Lunther, G. (1968) Sobre o peixe pouco conhecido *Chirocentrus nudus* (Swainson) com *Chirocentrus dorab* (Forskal). *Jornal da Associação de Biologia Marinha da Índia*, 8, 193 - 201.

Lunther, G. (1985) Estudos sobre a biologia e a pesca dos peixes do género *Chirocentrus* Cuvier I. Taxonomia. *Matsya*, 11, 46-55.

Macedo-Soares, L.C.P., Birolo, A.B & Freire, A.S. (2009) Distribuição espacial e temporal de ovos e larvas de peixes em uma lagoa subtropical, Estado de Santa Catrina, Brasil. *Neotrop. Ichth.*, 7, 231 - 240.

MacKenzie, B.R. & Leggett, W.C. (1991) Quantifying the contribution of small-scale turbulence to the encounter rates between larval fish and their zooplankton prey: effect of wind and tide. *Marine Ecological Progress Ser.*, 73, 149-160.

Madeswaran, P. (1985) Studies on white sardine *Escualosa thoracata* (Valenciennes, 1847). Pisces: Clupeidae da costa de Parangipettai (Poto Novo). *Dissertação de Mestrado. Tese, Universidade de Annamalai, CAS em Biologia Marinha*, 81pp.

Maravelias, C. D. & Reid, D.G, (1995) Relationship between herring (*Clupea harengs*, L.) distribution and sea surface salinity and temperature in the northern North Sea. *Scientia Marina*, 59, 427-438.

Marcelo, P, Curelovich, J & Macchi, G.J (2007) Canibalismo de ovos na população norte da anchova argentina, *Engraulis anchoita* (Clupeidae). *Fisheries Research*, 83, 253262.

Marichamy, R. (1970) Maturity and spawning of the anchovy, *Thrissina baelama* (Forskal) from Andaman Sea. *Indian Journal of Fisheries*, 17, 179-187.

Marichamy, R. (1972) Food and feeding habits of short-jaw anchovy *Thrissina baelama* (Forskal) of the Andaman Sea. *Indian Journal of Fisheries*, 19, 54-59.

Martin, P, Bahamon, N, Sabates, A, Maynou, Sanchez, F.P & Demestre, M. (2008) Desembarques de biqueirão europeu (*Enraulis encrasicolus*) e condições ambientais na costa catalã (Mediterrâneo NW) durante 2000-2005. *Hydrobiology*, 612, 185 - 199.

Miah, M.S, G.C. Haldar & M.A. Rahman, 1997. Estimativa dos parâmetros de crescimento e mortalidade da população de hilsa *Tenualosa ilisha* (Ham.) no rio Meghna de Bengladesh. *Indian Journal of Fisheries.*, 44, 133-139.

Milton, D.A, Rawlinson, J.F.N, & Blaber, S. J. M. (1996) Recruitment patterns and factors affecting recruitment of five species of short-lived clupeoids in the tropical South Pacific. *Fisheries Research*, 26, 239-255.

Misra, K.S. (1949) A check list of fishes of India, Burma and Ceylon. Parte II. Clupeiformes, Bathyclupeiformes, Galaxiformes, Scopeliformes e Ateleopiformes *Rec. Indian Museum*, 45, 377-431.

Misra, K.S. (1953) An aid to identification of fishes: of India, Burma and Ceylon. Parte II. Clupeiformes, Bathyclupeiformes, Galaxiformes, Scopeliformes e Ateleopiformes. *Rec. Indian Museum*, 50, 367-422.

Moazzam, M., Ajazuddin, S & Ziaullah, (2004) Some Observations on the Morphometry of Kelee Shad *Hilsa Kelee* (Pisces: Clupeidae) from Pakistan coast. *Rec. Zoological Survey of Pakistan*, 15, 34-41.

Monday, U.E. & Benson, N.U (2007) Cadmium, Copper, Lead and Zinc Tissue levels in Bonga Shad (*Ethmalosa fimbriata*) and Tilapia (*Tilapia guineensis*) caught from Imo River, Nigeria. *Jornal Americano de Tecnologia Alimentar*, 2, 48-54.

Moona, J.C. (1960) Studies on the cranial osteology of Indian Clupeoid fishes. 2. O crânio de *Coilia dussumieria* Cuv. &Val. *Agra. Univ. Journal of Research.* (Sci.), 9, 313 - 322.

Moona, J.C. (1968) Estudos sobre a osteologia craniana dos peixes Clupeoides da Índia. 2. The skull of *Thrissocles purava* (Ham.), *Proceeding of National Institute of Science India*, 34, 227 - 243.

Muelbert, J.H. & Weiss, G (1991) Abundância e distribuição de larvas de peixes na área do canal do estuário da Lagoa dos Patos, Brasil. Pp. 43-54. *In*: Hoyt, R.D. (Eds.). Recrutamento de larvas de peixes nas Américas. *Proc. Thirteenth ann. fish Con., Merida, Mexico, NOAA Technical Report NMFS*, 95, 137p.

Nair, R.V, (1953) Key for field identification of common Clupeoid fishes of India. Journal of Zoological Society of India, 5, 108-138.

Nair, R.V, (1961) Synopsis on the biology and fishery of the Indian sardines. *FAO 1960, Proc. World Sci. Meet. Biol. Sardines, Vol. 2, Species Synopsis No.* 11: 329-414. *Também como documento único, FAO Fish. Biol. Synops. No.* 16.

Nelson, G.J, (1970) The hyobranchial apparatus of teleostean fishes of the families Engraulidae and Chirocentridae. *Am. Mus. Novitates*, 2410, 1-30

Nelson, G.J. (1973) Relationships of clupeomorphs, with remarks on the structure of the lower jaw in fishes. *In* : Greenwood, P.H., Miles, R.S., Patterson, C. (Eds.), Interrelationships of fishes. Imprensa acadêmica, Londres, pp. 333-349.

Nelson, J.S. (2006) Fishes of the World, fourth eds. John Wiley and Sons, Nova Iorque.

Norman, J.R., (1923) A revision of the clupeid fishes of the genus *Ilisha* and allied genera. *Ann. Mag. História Nacional*, 11, 1-22.

Nurul Amin, S.M., Rahman, M.A, Haldar, G.C, Mazid, M.A, Milton, D.A & Blaber, S.J.M. (2004) Stock Assessment and Management of *Tenualosa ilisha* in Bangladesh. *Sociedade Asiática de Pesca*, 17, 51-59.

Nyunja, J.A., Mavuti, K.M & Wakwabi, E.O. (2002) Trophic ecology of *Sardinella gibbosa* (Pisces: Clupeidae) and *Atherinomorous lacunosus* (Pisces: Atherinidae) in Mtwapa Creek and Wasini Channel, Kenya. *Western Indian Ocean Journal of Marine Science,* 1, 181-189.

Oetterer, M., Perujo, S.D, C.R, Gallo, L. Ferraz de Arruda, R. Borghesi & A.M. Paschoal da Cruz, (2003) Monitoramento do processo de fermentação da sardinha (*Sardinella brasiliensis*) para obtenção de anchovas, *Sci. Agriculture*, 60, 511-517.

Okera, W. (1973) A alimentação de duas espécies de sardinhas *Sardinella gibbosa* (Bleeker) e *Sardinella albella* (Val.) nas águas da África Oriental. *Journal of marine biological Association of India*, 15, 632 - 651.

Palanisamy, R. (2006) Tsunami rehabilitation of fisheries sector focus on Nagapattinam. *Technical digest*, 9, 36 - 38.

Palekar, V.C. & Karandikar, K.R. (1952) Maturity and spawning period of *Thrissocles purava* (Ham.) as determined by ova-diameter measurements. *Proceedings of Indian Academic Science.*, 35 B (4), 143 - 154.

Palekar, V.C. & Karandikar, K.R. (1953) Maturity of *Coilia dussumieri* Cuv. & Val. in Bombay waters during different months of the year. *Journal of Zoological Society of India*, 5, 217 - 226.

Parimala, S. & Ramaiyan, V. (1980) On the biology of Gizzard shade *Nematalosa nasus* (Bloch) (Pisces: Dorosomatinae) from Porto Novo waters. *Matsya*, 6, 43-48.

Patterson, C. & Johnson, G.D. (1995) The intermuscular bones and ligaments of teleostean fishes. *Smiths Contribution Zoology*, 559, 1-85.

Pattrick, P. & Strydom, N.A. (2008) Composição, abundância, distribuição e sazonalidade de larvas de peixes na zona costeira pouco profunda da proposta Reserva Marinha do Grande Addo, Baía de

Aloga, África do Sul. *Estuarine CoastalShelfScience*, 79, 251-262.

Pillai, T.V.R. (1958) Biology of hilsa, *Hilsa ilisha* (Hamilton) of the river Hooghly. *Indian Journal of Fisheries*, 5, 201-256.

Power, M., Attrill, M.J & Thomas, R.M. (2000) Temporal abundance patterns and growth of juvenile herring and sprat from the Thames estuary 1977- 1992. *Journal of Fisheries Biology*, 56, 1408-1426.

Prabhu, M.S. & Dhulkhed, M.H. (1972) On two new varieties of the Indian oil sardine, *Sardinella longiceps* Val. *Mahasugar Bull. Nat. Inst. Oceanografia*, Panjem, 5, 27-30.

Prabhu, M.S. (1953) Preliminary observation on the biology of *Chirocentrus dorab* (Forskal). *Current Science*, 22, 309-310.

Prathibha Rohit & Bhat, U.S. (2003) Sardine fishery with notes on the biology and stock assessment of oil sardine off Mangalore-Malpe. *Journal of marine biological Association of India*, 45, 61-73.

Prathibha Rohit. (2003) Record size oil Sardine (*Sardinella longiceps*) caught off Malpe, India. *Jornal da Associação de Biologia Marinha da Índia*, 45, 255-256.

Quddus, M.M.A., Shimuzu, M, & Nose, Y. (1984) Desova e fecundidade de dois tipos de *Hilsa ilisha* nas águas do Bangladesh. *Boletim da Sociedade Japonesa de Ciências da Pesca*, 50, 177-181.

Rahman, M.J. & Cowx, I.G. (2006) Periodicidade lunar na formação de incrementos de crescimento nos otólitos do sável hilsa (*Tenualosa ilisha*, Clupeidae) nas águas do Bangladesh. *Fisheries Research*, 81, 342-344.

Raja, S.G., Deshumukh, V.D & Thakurdas, (1994) Fishery and biology of white sardine, *Escualosa thoracata* (Valenciennes) at Versova. *Journal of Indian Fisheries Association*, 24, 51-62.

Rajaram, P. (1986) Estudos sobre a identificação sistemática e populacional da espadilha indiana *Dussumieria acuta* Valenciennes (Pisces: Clupeidae) de Porto Novo e águas adjacentes. *Dissertação de Mestrado em Filosofia. Tese, Universidade de Annamalai, CAS em Biologia Marinha*, 75 pp.

Rajasegar, M. & Sendhilkumar, R. (2009) Finfish resources of Karaikal, south east coast of India. *Jornal Mundial das Pescas Ciências Marinhas*, 1,330-332.

Rajasegar, M., Bragadeeswaran, S & Senthilkumar, R. (2005) Distribution and abundance of finfish eggs and larvae in Arasalar estuary, Karaikkal, south-east coast of India. *Journal of Environment Biology*, 26, 273-276.

Rajendran, N. e K. Kathiresan. (1998) Mangrove vegetation trap technique for improving fishery resources in coastal waters. *Current Science*, 75& 429.

Rajkumar, M., Perumal, P & Trilles, J.P. (2006) Sobre a ocorrência de um parasitismo duplo (copépode e isópode) no peixe anchova na Índia. *Journal of Environmental Biology*, 27, 613-614.

Ramaiyan, V. & Paulpandian, A.L. (1976) Biochemical studies on the fishes of the Order: Clupeiformes. *Journal of marine biological association of India*, 18, 516-524.

Ramaiyan, V. & Whitehead, P.J.P. (1976) Notes on the Indian species of *Ilisha* Richardson, (Pisces: Clupeidae). *Journal of marine biological association of India*, 17,187-198.

Ramaiyan, V. (1975) Estudos sobre a taxonomia do sável indiano *Ilisha* Richardson, 1846. *Bull. Departamento de Ciências Marinhas da Universidade de Cochim*, VII (4) , 953-963.

Ramaiyan, V. (1977) Biosystematic studies in Indian Clupeoids with special reference to Ilisha, Richardson 1846 (Pisces: Clupeiformes). Tese de doutoramento, Universidade de Annamalai, CAS em Biologia Marinha, 186pp.

Ramaiyan, V., Purushothaman, A & Natarajan, R. (1986-87) Check-list of estuarine and marine fishes of Parangipettai (Portonovo) coastal waters. *Matsya*, 12&13, 1-19.

Ramaiyan, V., Balasubramanian, T, Kannupandi, A, Ajmal Khan, S, Rajagopal, S & P.S. Lyla, (2005) Monograph on eggs and larvae of fin fish collected from Parangipettai and adjacent waters along the south east coast of India. *CAS em Biologia Marinha, Universidade de Annamalai, Parangipettai, TamilNadu, Índia*, 148 pp.

Ramanathan, M. (1995) Some aspects on the biology, fishery and parasites of Amblygaster sirm (Pisces: Clupeidae) from Parangipettai coast. *Dissertação de Mestrado em Filosofia. Tese, Universidade de Annamalai, CAS em Biologia Marinha.*

Ranjit Singh, A.J.A. (1980) Observação sobre a sistemática, pesca e biologia das espécies de Sardinella de Porto Novo. Tese de Doutoramento, Universidade de Annamalai, CAS em Biologia Marinha, 184 pp.

Rao, N.G.S. (1967) On the distribution of larvae, post larvae and juveniles of fishes in the Mahanadi estuary. *Indian Journal of Fisheries*, 11, 407-422.

Ravichandran, S., Ranjit Singh, A.J.A & Veerappan, N. (2001) Parasite-induced vibriosis in *Chirocentrus dorab* off Parangipettai coastal waters. *Current Science*, 80, 10.

Regan, C.T. (1917) A review of the Clupeoid fishes of the genera *Sardinella, Harengula* etc. *Ann. Mag. Nat. His.*, 19, 377 - 395.

Reis, E.G. & Pawson, M.G. (1999) Fish morphology and estimating selectivity by gillnets. *Fisheries Research*, 39, 263-273.

Reuben, S., Dan, S.S, Somaramu, M.V, Philipose, V & T.V. Sathianandan, (1992) The resources of hilsa shad, *Hilsa ilisha* (Hamilton), along the northeast coast of India, *Indian Journal of Fisheries*, 39, 169-181.

Ridewood, W.G. (1904) On the cranial Osteology of the clupeoid fishes. *Actas da Sociedade Zoológica de Londres*, 2, 448-493.

Roberts, T.R. (2008) *Minyclupeoides dentibranchialus*, um novo género e espécie pertencente ao arenque de rio da bacia inferior do Mekong de Comboida (Teleostei: Clupeidae: Pellonulinae). *Raffles Bulletin of Zoology*, 56, 125-127.

Romanelli, M., Colloca, F & Giovanardi, O. (2002) Growth and mortality of exploited *Sardina pilchardus* (Walbaum) larvae along the western coast of Italy. *Fisheries Research*, 55, 205-218.

Saad, A. (2005) Checklist of bonyfishes collected from the coast of Syria. *Turk. Journal Fisheries Aquatic Science*, 5, 99-106.

Sadhasivam, V. (1965) Preliminary observations on the biology of some Clupeoid occurring in the Andaman waters. *Actas do Indian Science. Cong.* (Lucknow), pt.3, Resumo.

Sahubar Hussain, M.S.M. (1986) Estudos sobre a biologia e identificação da população de *Ilisha melastoma* (Schneider, 1801) (Pisces: Clupeidae) das águas costeiras da Índia. Tese de doutoramento, *Universidade de Annamalai, CAS em Biologia Marinha*, 182 pp.

Saravanakumar, A., Rajkumar, M, Sesh Serebiah, J & Thivagaran, G.A. (2009) Fishery resources in arid zone mangroves in Gulf of Kuchchh, Gujarat, northwest coast of India. *Journal of Ocean University. China*, 28,233-240.

Sarpeadonti, V., Ponton, D & Chong Ving Ching, (2000) Description and ontogeny of young *Stolephorus baganensis* and *Thryssa kammalensis* two Engraulididae from Penisular Malaysia. *Journal Fisheries Biology*, 56, 1460-1476.

Sathianandan, T.V. & Alagaraja, K. (1998) Spectral decomposition of all India landings of oil sardine, mackerel and Bombay ducks. *Indian Journal of Fisheries*, 45, 13-20.

Sathianandan, T.V. (1997) Robustness of length-class interval in length based analysis for the estimation of the growth parameters - A simulation study for *Sardinella longiceps. Indian Journal of Fisheries*, 44, 225-230.

Schafer, L.N., Platell, M.E, Valesini, F.J & Potter, I.C. (2002) Comparações entre a influência do tipo de habitat, da estação do ano e do tamanho do corpo na composição da dieta de espécies de peixes em águas marinhas costeiras. *Journal Experimental Marine Biology Ecology*, 278, 67- 92.

Schismenou, E., Giannoulaki, M, Valavanis, V.D & Somarakish, S. (2008) Modelação e previsão do habitat potencial de desova do biqueirão (*Engraulis encrasicolus*) e da *sardinha-da-rocha* (*Sardinella aurita*) com base em informações ambientais de satélite. *Hydrobiologia*, 612, 201 - 214.

Sebastien, L., Miya, M, Saitoh, K, Ishiguro, N.B e M. Nishida. (2007) Relações filogenéticas entre anchovas, sardinhas, arenques e seus parentes (Clupeiformes), inferidas a partir de sequências completas do mitogenoma. *Molecular Phylogenetic Evolution*, 43: 1096-1105.

Sekharan, K.V. (1949) Feeding and maturity in relation to fats in the musculature of the rainbow sardine, *Dussumieria acuta* (C & V). *Jornal da Universidade de Madras*, 188, 3848.

Sekharan, K.V. (1968) Length-weight relationships in *Sardinella albella* (Val.) and *Sardinella gibbosa* (Bleek.). *Indian Journal of Fisheries*, 15, 166 - 174.

Sekharan, K.V., Mathuv, M.S, Sudhakar Rao & Narayana Rao, B. (1969) Spawning concentrations of the sardines *Sardinella gibbosa* (Bleek.) off the north Andhra coast in March-April, 1969. *Indian Journal of Fisheries*, 16, 156 - 160.

Selvaraj, C. & Abraham, M. (1987) Review of the taxonomic status of *Puntius mahecola* (Valenciennes), *Matsya*, 12&13, 20-25.

Selvaraj, R. (1990) Population identification of the Indian oil *Sardine Sardinella longiceps* Valenciennes along the east coast of India. *Tese de doutoramento, Universidade de Annamalai, CAS em Biologia Marinha,* 141pp.

Sheriff, M., Kevin, K, Ndomahina, T.N, Taylor, E, Badr, O.K.M, Boateng, K.J & Sandi, R. (2010) Taxa de captura de juvenis *Ethamatosa fimbriata, Sardinella maderensis* e *Brachydeuterus auritus* na pesca na Península de Freetown. *Jornal Africano de Ciência e Tecnologia Ambiental*, 4, 517-525.

Shirafuji, N., Watanabe, Y, Takeda, Y & Kawamura, T. (2007) Maturação e desova de Spratelloides gracilis Clupeidae em águas temperadas ao largo do Cabo Shionomisaki, Japão central. *Fisheries Science*, 73: 623-632.

Siebert, D.J. (1997) Notes on the anatomy and relationships of *Sundasalanx* Roberts (Teleostei, Clupeidae), with descriptions of four new species from Borneo. *Bull. Br. Museum (Nat. Hist.) Zool.*, 63, 13-26.

Sivakumar, A.A., (1981) Studies on *Thryssa* spp. (Engraulidae: Pisces) from the coast of Peninsular India. *Tese de doutoramento, Universidade de Annamalai, CAS em Biologia Marinha*, 180 pp.

Sivakumar, R. (1990) Population identification of the Indian oil sardine *Sardinella longiceps* Valencinnes along the east coast of India. *Tese de doutoramento, Universidade de Annamalai, CAS em Biologia Marinha*, 141pp.

Sridharan, R. (1999) Biology and fishery of *Sardinella fimbriata* (Cuvier and Valenciennes) and *Sardinella gibbosa* (Bleeker) (Pisces: Clupeidae) along the Parangipettai coast. *Dissertação de Mestrado em Filosofia. Tese, Universidade de Annamalai, CAS em Biologia Marinha* 61 pp.

Srinath, M. (1998) Exploratory analysis on the predictability of oil sardine landings in Kerala. *Indian Journal of Fisheries*, 45, 363-374.

Srivastava, P.N. (1955) On the air bladder of *Chirocentrus* (Forsk.) and the relationship of the family Chirocentridae with Clupeidae. *Zoological Anz.*, 156, 284-288.

Stenseth, N.C., Mysterud, A, Ottersen, G, Hurrell, J.W, Chan, K.S & Lima, M (2002) Ecological effects of climate fluctuations. *Ciências*, 297, 1292-1296.

Stiassny, M.L.J. (2002) Revision of *Sauvagella* Bertin (Clupeidae; Pellonulinae; Ehiravini) with a description of a new species from the freshwaters of Madagascar and Diagnosis of the Ehiravini. *Copeia*, 2, 67-76.

Suda, Y., Inoue, T, & Uchida, H. (2002) Fish Communities in the Surf Zone of a Protected Sandy Beach at Doigahama, Yamaguchi Prefecture, Japan. *Estuarine Coastal Shelf Science*, 55, 81-96.

Talwar, P.K. & P.J.P. Whitehead, P.J.P, (1971) The Clupeoid fishes described by Francis Day. *Boletim do Museu Britânico. (Nat. Hist.)*, (Zool.) 22, 85pp.

Thangaraja, M & Ramaiyan,V (1985) Notes on gill rakers serrae and food of *Thryssa* and *Thrissina* of Porto Novo (Bay of Bengal). *Matsya*, 9&10, 70-77.

Truhsakaker, P. & Uchiyama, J.H. (1976) Age and growth of the nehu, *Stolephorus purpureus* (Pisces: Engraulidae), from the Hawaiian island as indicated by daily growth increments of sagittae. *Boletim das Pescas*, 74, 9-16.

Tsagarakis, K., Machias, A, Somarakis, S, Giannoulki, M, Palialexis, A & Valavanis, V.D (2008) Habitat discrimination of juvenile sardines in the Aegean Sea using remotely sensed environmental data. *Hydrobiologia*, 612, 215 - 223.

Tsikliras, A.C. (2007) Limiar térmico do início da maturação em peixes clupeídeos utilizando a análise de quocientes. *Rapp. Comm. Int. Mer Medit.*, 38,623.

Uddin, M., Uddin, M.N, Tanaka. M & Kamal, M. (1999) Chemical change and visual appearance of Indian shad (*Tenualosa ilisha*) during ice storage, *Food Preservation Science*, 25, 301-307.

Varghese, T.J., (1975) Studies on the maturation and spawning of *Coilia dussumieri* (Cuv. & Val.) of the Hoogly estuarine system. *Recent Research on Estuarine Biology*, 85 - 98.

Veeramani, T, (2008) Estudos sobre o estado dos recursos pesqueiros marinhos em Nagapattinam, Mallipattinam e Thondi (costa sudeste da Índia) e biologia do peixe-papagaio, *Scarusghobban* (Forsskal 1775). *Tese de Mestrado, Universidade de Annamalai, CAS em Biologia Marinha*, 53 pp.

Veerappan, N., Ramanathan, M & Ramaiyan, V. (1997) Maturation and spawning biology of *Amblygaster sirm* from Parangipettai, southeast coast of India. *Journal of marine biological Association of India*, 39, 89-96.

Veerappan, N., Anbalagan, T & Balasubramanian, T. (2009) Inquérito sobre peixes marinhos produtores de som e Ictioplanctófagos das águas costeiras de Parangipettai, costa sudeste da Índia. *Am-Euras. Journal of Agriculture Environmental Science*, 6, 35-40.

Venkataraman, G. (1956) Studies on some aspects of the biology of the common anchovy *Thrissocles mystax* (Bloch & Schneider). *Indian Journal Fisheries*, 3, 311-333.

Venkataraman, K. (2003) Natural aquatic Ecosystems of India, Grupo de Trabalho Temático. *Plano de Ação da Estratégia Nacional para a Biodiversidade, Índia*, 1-275.

Watanabe, Y. (2007) Latitudinal variation in the recruitment dynamics of small pelagic fishes in the Western North Pacific. *Journal of Sea Research*, 58, 46-58

Weng J.S., Liuz, K.M, Lee, S.C & Tsai, W.S 2005. Biologia reprodutiva da espadilha azul *Spratelloidesgracilis* nas águas em redor de Penghu, no Estreito Central de Taiwan. *Estudos Zoológicos.* 44, 475-486.

Whitehead, P.J.P. (1965) A review of the elopoid and Clupeoid fishes of the Red sea region. *Bull. British Museum National History*, 12, 225-281.

Whitehead, P.J.P. (1966) The elopoid and Clupeoid fishes in Richardson's Ichthyology of the seas of China and Japan, 1846. *Bulletin of British Museum National History*, 14, 1544.

Whitehead, P.J.P. (1967) The Clupeoid fishes described by Lacepede, Cuvier and Valenciennes. *Boletim de História Nacional do Museu Britânico*, 2, 1-180.

Whitehead, P.J.P. (1968) Um novo gênero para o peixe clupeídeo sul-americano, Lile platana Regan. *Journal of National History*, 2, 477-486.

Whitehead, P.J.P. (1969) The Clupeoid fishes of Malaya. *Journal of marine biological Association of India*, 9, 223 - 280.

Whitehead, P.J.P. (1972) A synopsis of the Clupeoid fishes of India. *Journal of marine biological Association of India*, 14, 160-256.

Whitehead, P.J.P. (1973a) A revision of the recent round herrings (Pisces: Dussumieriidae). *Boletim do Museu Britânico. (Nat. His.)*, (Zool.), suppl. 2, 1-180.

Whitehead, P.J.P. (1973b) A synopsis of the Clupeoid fishes of India. *Journal of marine biological Association of India*, 14, 160 - 256.

Whitehead, P.J.P. (1985) Catálogo de espécies da FAO. Clupeoid fishes of the world (suborder Clupeoidei). Um catálogo anotado e ilustrado dos arenques, sardinhas, sardinhas-vermelhas, espadilhas, anchovas e arenques-lobo. Parte 1: Chirocentridae, Clupeidae e Pristigasteridae. *FAO Fisheries Synopsis 125, FAO, Roma*, pp. 1-303.

Whitehead, P.J.P., Nelson, G.J & Wongratana, T. (1988) FAO species catalogue. Vol. 7. Peixes clupeóides do mundo (subordem Clupeoidei). Parte 2. Engraulididae. *FAO Fisheries Synopsis 125, FAO, Roma*, pp. 305-579.

Wilsey, B. & Stirling, G. (2007) A riqueza e a uniformidade das espécies respondem de forma diferente à densidade de propágulos em comunidades de microcosmos de pradarias em desenvolvimento. *Plant Ecology,* 190,259-273.

Wongratana, T. (1980) Systematics of Clupeoid fishes of the Indo-Pacific region. *Tese de doutoramento, Universidade de Londres,* 430 pp.

Xu, C, & Boyce, M.S. (2009) Oil sardine (*Sardinella longiceps*) off the Malabar coast: density dependence and environmental effects. *Fisheries and Oceanography,* 18, 359-370.

Zeeberg, J., Corten, A, Tjoe-Awie, P, Coca, J & Hamady, B. (2008) O clima modula os efeitos da pesca de *Sardinella aurita* ao largo do Noroeste de África. *Fisheries Research,* 89 6575.

MIX
Papier aus verantwortungsvollen Quellen
Paper from responsible sources
FSC® C105338

Printed by Books on Demand GmbH, Norderstedt / Germany